Astrid Braun-Höller

Mit Strategie
ans Ziel

Astrid Braun-Höller

Mit Strategie
ans Ziel

Selbstmarketing
und PR für Frauen

Kösel

Für Hans, Meike und Tina

ISBN 3-466-30644-2
© 2004 by Kösel-Verlag GmbH & Co., München
Printed in Germany. Alle Rechte vorbehalten
Druck und Bindung: Kösel, Kempten
Umschlag: 2005 Werbung, München
Umschlagmotiv: imagedirekt

Inhalt

Kapitel 2

Erfolgreiche Frauen-Strategien

Kapitel 3

Gewusst wie – die Erfolgstipps für 61

Kapitel 4

Und noch mehr Erfolgstipps 117

Kapitel 5

Der Strategieplan

Vorwort

In diesem Buch geht es um Strategie, um dieses große Zauberwort, das Prozesse beschleunigt, Schleusen öffnet und ausgesprochen zufrieden macht.

Es zeigt vielfältige, erprobte, erfolgreiche Strategiebeispiele aus der Praxis zum Nachschlagen, Inspirieren, Nachahmen, Weiterentwickeln, Kombinieren, Anpassen ...

Frauen aus Wirtschaft, Politik und Verwaltung geben tiefe Einblicke hinter die Kulissen und verraten, mit welchen individuellen Strategien sie welches Ziel verfolgten und wie es damit gelungen ist, eine gute PR in eigener Sache zu machen.

Dieses Buch richtet sich an alle Frauen, die sich die Frage stellen: »Wie mache ich das bloß?«

Etwa den Wert der eigenen Arbeit deutlich machen, Geldgeber überzeugen, sich öffentlich präsentieren, ein Thema in die Chefetage transportieren, sich besser positionieren, ein positives Image aufbauen, Zusammenarbeit fördern ... Oder:

- eine Veranstaltung erfolgreich organisieren
- eine gelungene Messepräsentation auf die Beine stellen
- ein treffsicheres Mailing schreiben
- einen Flyer entwickeln, der nicht im Papierkorb landet
- eine lebendige Rede halten, die wirklich ankommt

- eine erfolgreiche Aktion planen und durchführen
- Pressearbeit gezielt einsetzen
- Sponsorpartner gewinnen ...

Und weil sich erfolgreiche Strategien nicht so leicht abkupfern lassen, weil jede Situation anders ist, erhalten die Leserinnen darüber hinaus eine Methode an die Hand, mit der sie selbst einen individuellen Strategieplan erstellen können, der garantiert auf ihre jeweilige Situation vor Ort passt.

Dies ist kurzum ein Buch,

- in dem Frauen entdecken, dass es Spaß macht, Strategien zu entwickeln und anzuwenden,
- in dem spannende und erfolgreiche Strategien erfolgreicher Frauen veröffentlicht sind
- und mit dessen Hilfe Frauen ihren individuellen Strategieplan entwickeln können.

Beim Lesen, Stöbern und Ausprobieren wünsche ich Ihnen Spaß und viel Erfolg!

Danke!

An meine Mitarbeiterin Stefanie Gasch, die mir beim Schreiben, Verwerfen, Recherchieren, neu Durchdenken ... eine riesige Unterstützung war.

An meine Freundinnen, die mich beraten und begleitet haben, die Korrektur gelesen und kritisch nachgefragt haben: Andrea Heiny, Margarete Kümpel, Gabriele Mickasch und Sissi Westrich.

An all diejenigen, die namentlich im Buch erscheinen und mich ihre Geschichten haben erzählen lassen.

An all die Teilnehmerinnen und Teilnehmer meiner Workshops/Seminare/Konferenzen, deren Erfahrungen hier eingeflossen sind.

An Iris Schneider und Walther Melneck.

Und an meine Lektorin Dagmar Olzog. Etwas Besseres konnte mir einfach nicht passieren.

Kapitel 1

Der Charme
und die
Chance der
Strategie

Was **genau** ist **Strategie?**

Stefanie ist Juristin, hat jahrelang in einer Kanzlei als Rechtsanwältin gearbeitet, ist dann zweifache Mutter geworden und von der Großstadt aufs Land gezogen. Ihre Berufstätigkeit hat sie erst einmal aufgegeben, um sich ganz der Familie widmen zu können. Doch immer stärker wird der Wunsch, wieder einzusteigen, nur nicht mehr dort, wo sie herkommt.

Öffentlichkeitsarbeit interessiert sie, Großveranstaltungen organisieren, den Hintergrund ausgestalten mit allem, was dazu gehört. Sie hört sich um in ihrer Region: Wen gibt es hier, der bereits Ähnliches praktiziert, bei dem sie vielleicht ein Praktikum machen könnte, um herauszufinden, ob das der Weg für ihre Zukunft ist. Und sie findet eine Agentur, in der sie genau diese Chance erhält.

Stefanie hat sich ein Ziel gesetzt und einen Plan entwickelt, dieses Ziel zu erreichen. Sie hat ihre Zukunft nicht dem Zufall überlassen und auch nicht darauf gewartet, entdeckt zu werden, sondern sie hat selbst die Initiative ergriffen und aktiv ihre Zukunft gestaltet.

Und genau das ist Strategie! Strategie wird auch umschrieben als:

- planvolles Vorgehen
- Management eines Ziels, das immer flexibel angepasst werden muss
- Grundprinzipien, nach denen man sein Handeln ausrichtet
- das Gegenteil von »In den Tag hinein leben«
- Gedanken zielgerichtet »materialisieren« (zitiert nach dem Newsletter des Strategie Forums e.V., Ilvesheim, www.strategie.net)

Strategie ist, wenn Sie Ihr Leben selbst in die Hand nehmen und bewusst zielorientiert gestalten!

Vermutlich würden Sie selbst es mit wieder anderen Worten beschreiben. Verzichten wir also auf eine genaue Strategie-Definition.

Strategie ist überall

Strategie begegnet uns immer und überall. Wir brauchen nur mit offenen Augen durch die Welt zu gehen, Zeitung zu lesen, fernzusehen, zuzuhören, um festzustellen, dass hier Strategie im Spiel ist.

- Hillary Clinton veröffentlicht ihre Erinnerungen an die Zeit im Weißen Haus in ihrem Buch »Gelebte Geschichte«.
- Die Christoffel Blindenmission präsentiert sich auf dem Bonner Münsterplatz im Rahmen des Informationstages Dritte Welt, verteilt Augenklappen an die Besucher und fordert sie auf, diese Augenklappe anzuziehen und über einen Parcours zu gehen.

- Bally füllt einen Sonderzug mit Schuhen und lässt ihn in 23 Städten halten, wo am Bahnhof die Schuhe zu reduzierten Preisen verkauft werden.

- Siemens organisiert einen Bügelservice für die Beschäftigten des Unternehmens, die an Seminaren/Workshops in München teilnehmen. Morgens wird die ungebügelte Wäsche abgegeben und abends gebügelt und gefaltet wieder mit nach Hause genommen.

- Alice Schwarzer trifft in Johannes B. Kerners Talkshow Verona Feldbusch.

- Die Stadt Wolfsburg wird für sechs Wochen in »Golfsburg« umbenannt, um damit die Einführung des neuen VW Golf zu unterstützen.

- Der Deutsche Hausfrauenbund verteilt einen roten DIN-A4-Handzettel, auf dem ein Cent geklebt ist, mit der Überschrift: »Keinen (Cent) wert? Hausfrau und Mutter ein Beruf ohne Marktwert – wie lange noch? ...«

- Der Dirigent Barenboim bringt Kräne am Potsdamer Platz zur Musik von Beethovens 9. Symphonie zum Tanzen.

- Ein Friseurgeschäft verteilt in der Innenstadt an jüngere Frauen eine Einladungskarte zu einem kostenlosen Hairstyling mit Make-up.

- Ein Vorstandsvorsitzender hält eine Rede vor überwiegend Managern, also Männern, nur mit weiblicher Anrede.

- Angela Merkel schreibt einen offenen Brief in der FAZ.

- ...

So unterschiedlich diese Beispiele auch sind und waren, und die Reihe ließe sich beliebig fortsetzen, so haben sie doch alle gemeinsam: Alle wollen mit ihrer Strategie Aufmerksamkeit und Interesse für ihr Anliegen/ihr Projekt/ihr Produkt/ihre Idee wecken!

Und alle haben sich im Vorfeld die Frage gestellt: Was will ich/wollen wir erreichen? Welches ist mein/unser Ziel?

Betrachten Sie noch einmal die Beispiele und überlegen Sie, welches Ziel dahinter stehen könnte:
Richtig erkannt! Hillary Clinton möchte ein bestimmtes Image von sich in der Öffentlichkeit positionieren. Die Christoffel Blindenmission will schnell und nachhaltig ihre wesentliche Botschaft in die Herzen der Menschen bringen.

Je besser die Strategie, umso größer der Erfolg!

Bally will neugierig machen, bekannter werden, im Gespräch sein, neue Zielgruppen gewinnen, Einkaufen zum Erlebnis machen – mit einem Wort: Umsatz steigern.

Und Siemens weiß natürlich, dass solche Maßnahmen für die Beschäftigten ein Gewinn sind, weil Entlastung im Privatleben angeboten wird – Mitarbeitermotivation und Mitarbeiterbindung sind hier die Schlagworte. Und nicht zuletzt erzielt man damit auch noch eine kostenlose PR für das Unternehmen.

Alle wollen, dass über sie gesprochen wird, dass in Medien darüber berichtet wird, dass genauer hingesehen wird, dass Botschaften sofort ankommen.

Das Leben bietet unendlich viele Beispiele von zielgerichteten, pfiffigen, öffentlichkeitswirksamen Strategien. Sie sind es, die über Erfolg entscheiden!

Tipp

Machen Sie sich einen Spaß daraus:

- Schauen Sie Talkshows an, lesen Sie Zeitungen, beobachten Sie Menschen, mit was sie wann wie in Erscheinung treten.
- Gehen Sie auf Stadtfeste, zum Tag der offenen Tür, zu Eröffnungen, zu Veranstaltungen und schauen Sie einfach nur bewusster hin: Wie präsentieren sich die Menschen? Womit gelingt es ihnen, Aufmerksamkeit zu bekommen, Interesse zu wecken? Wie machen Menschen was? Welche Ziele verfolgen sie damit und welche Strategien setzen sie dabei ein?
- Legen Sie sich eine Mappe an und sammeln Sie Ideen der anderen – von toll, beeindruckend, faszinierend bis hin zu grottenschlecht, fürchterlich, schauerlich!

Sie werden sehen: Ihr Blick wird dadurch immer mehr geschult und Sie erhalten im Handumdrehen auch noch Material für Ihren eigenen Auftritt – irgendwann und irgendwo!

Jede **Strategie** braucht ein **Ziel**

Die besten Strategien nutzen Ihnen nichts, wenn Sie nicht wissen, was Sie wollen und wohin Sie wollen.

- Sie beschließen, die erste eigene Kunstausstellung auf die Beine zu stellen.
- Sie beschließen, ein Kind zu adoptieren.
- Sie beschließen, Direktorin zu werden.

- Oder Sie beschließen, ein Sabbatjahr zu nehmen, Gitarre zu lernen, das Rauchen aufzugeben, mit den Kindern einen Abenteuerurlaub zu verleben, das Projekt an Land zu ziehen, Stadträtin zu werden, einen Verein zu gründen ...

Sie setzen sich also Ziele. Und die verfolgen Sie beharrlich. Das können kleine, mittlere bis große Ziele sein, kurz-, mittel- oder langfristige. Nicht immer werden Sie auf direktem Weg ans Ziel gelangen, oft liegen da Steine, sind Hindernisse aufgetürmt, die es wegzuräumen gilt.

Rita Süssmuth wollte beispielsweise, dass Christo den Reichstag in Berlin verhüllt. Ihr Einsatz für dieses Christo-Projekt schien aber aussichtslos. »Ich wollte nicht aufgeben ... Wenn ich nicht offen für Christo werben konnte, dann musste ich neue Strategien finden, es eine Weile lang im Verborgenen zu tun – wie ein Maulwurf. Und ich hatte Erfolg, es lohnte sich. Es gibt kaum einen Kampf in meinem politischen Leben, bei dem ich auf Anhieb gesiegt habe. Fast alle Erfolge waren das Ergebnis zäher Prozesse, hartnäckigen Dranbleibens, strategischer Flexibilität ...« (Rita Süssmuth, 2002)

Wer den Hafen nicht kennt, in den er segeln will, für den ist kein Wind günstig.

Seneca

Wenn Sie Ihr Ziel klar vor Augen haben, dann hält Sie auch so schnell nichts und niemand davon ab. Strategien sind die Mittel zum Zweck. Sie sind jedoch keine festgefahrenen Einbahnstraßen und auch keine Fesseln. Sie können sie ändern, auf den Prüfstand stellen, Sie können sie aufgeben, wenn es Ihnen nicht gut tut.

In jedem Fall bringt Strategie Struktur in Ihr Leben und setzt eine Erfolgsspirale in Gang: Zielsetzung – Strategie/n – Zielerreichung – Bestätigung – Selbstbewusstsein – Mut, weitere Ziele strategisch zu verfolgen – Zufriedenheit – Zielsetzung ...

Oder um diese Spirale auch mit anderen Worten zu umschreiben:

> »Ich lebe mein Leben in wachsenden Ringen,
> die sich über die Dinge ziehen.
> Ich werde den letzten vielleicht nicht vollbringen,
> aber versuchen will ich ihn ...«

Rainer Maria Rilke

Frauen und Strategie

Kürzlich fragte ich eine Freundin, welche Strategien sie denn so einsetze, sie solle doch einmal aus ihrem Nähkästchen plaudern. Und wissen Sie, was sie geantwortet hat?

»Mir fällt gar keine ein. Wende ich überhaupt welche an?«

Täglich wenden Frauen Strategien an, beruflich und privat! Nur ist es vielen nicht bewusst!

Sie überlegen sich beispielsweise, wie Sie es schaffen, dass

- Sie sich gut präsentieren bei einer Veranstaltung,
- Ihre Rede gut ankommt,
- Sie mit einer bestimmten Situation besser klarkommen,
- Ihr Chef denkt: »Tolle Präsentation!«,
- die Wäsche bis heute Abend gebügelt ist,
- Sie einen guten Listenplatz bekommen,
- Ihr Faltblatt gelesen wird,
- Sie Mitstreiter bekommen für Ihre Idee,
- Ihre Freundin nicht mehr sauer auf Sie ist,
- Sie einen Rabatt bekommen beim Kleiderkauf ...

Sehen Sie: Sie sind es gewohnt, Strategie anzuwenden! Und das Tag für Tag!

Setzen Sie Strategien ein?

Lassen Sie bitte die letzten zwei Tage Revue passieren und überlegen Sie:

In welcher Situation, bei welcher Gelegenheit haben Sie Strategie einge-setzt?

_____

_____

_____

_____

_____

_____

_____

Und? Hätten Sie das gedacht? Da kommt eine Menge zusammen, wenn man einmal näher und bewusster hinschaut!

Jetzt möchte ich Ihnen einen Trick verraten, wie es gelingt, das eigene Bewusstsein für Strategie zu schärfen:

In einem meiner PR-Seminare erzählte einmal eine Teilnehmerin, wie man es schafft, gezielt den Blick auf die positiven Dinge und nicht auf die negativen Dinge zu richten – mithilfe des so genannten »Bohnentricks«.

Tipp

Der »Bohnentrick«

Sie verlassen morgens das Haus. In Ihre linke Jacken- oder Hosenta-
sche haben Sie 10 Bohnen gesteckt. Wenn Sie gerade keine Bohnen
haben, können Sie auch Heftklammern, Erbsen oder Steine nehmen,
Hauptsache irgend etwas Kleines. Und jedes Mal, wenn Sie ein positives Erlebnis haben – ein schönes Telefonat oder jemand lächelt Sie an
oder Sie wurden gelobt –, dann nehmen Sie eine Bohne von der linken
und stecken sie in die rechte Tasche.

Und abends, wenn Sie zu Hause sind, dann schauen Sie sich Ihre
Schätze an und erinnern sich an die schönen Augenblicke, die Sie mit
den Bohnen festgehalten haben.

Diesen »Trick« können Sie wunderbar übertragen auf unser Thema
»Strategie«. Schauen Sie hin, beobachten Sie andere, aber auch sich
selbst – und halten Sie es schriftlich fest, legen es in Ihre Mappe und
Sie werden sehen, das macht sogar richtig Spaß!

Nicht allen Frauen
macht **Strategie** Spaß

Im Gegenteil sogar. »Das schickt sich doch nicht.« »Strategie brauche ich nicht. Es genügt, wenn ich Leistung bringe.« »Die setzt sich
letztlich doch durch.«

Und diese Frauen wundern sich dann häufig, dass sie arbeiten
und arbeiten, sich hier und dort engagieren, zusätzliche Aufgaben/
Projekte annehmen ... aber niemand so richtig weiß, was da so alles

geleistet/verwirklicht/umgesetzt wird! Und vor allem: wer dahinter steckt.

Und wenn dann noch eine andere Person, die längst nicht so engagiert mitgewirkt hat, die Lorbeeren für die erfolgreichen Ergebnisse einsammelt und womöglich noch befördert wird – spätestens dann kommen die Fragen:

- »Was ist hier falsch gelaufen?«
- »Was macht die Person anders als ich?«
- »Was ist das Geheimnis?«

Frauen wenden häufig die PR-Weisheit »Tue Gutes und rede darüber« nur zur Hälfte an. Sie tun Gutes – aber reden nicht darüber. Die Gründe dafür sind vielfältig:

- »Das ist nicht nötig.«
- »Man lobt sich doch nicht selbst.«
- »Die anderen sehen und merken doch, was ich leiste.«
- »Und überhaupt, sich so weit nach vorne wagen, wo es doch auch noch andere gibt. Auf die Kompetenz kommt es doch an!«

Stimmt! Auf die Kompetenz kommt es auch an. Aber eben nicht nur. Denn wer heute weiterkommen will, muss diese Kompetenz (und damit sich selbst) auch zielgerichtet verkaufen können. Und das mit professionellen Mitteln.

In Vorbereitung auf mein Buch besuchte ich unter anderem die Frauenprojektmesse im Rahmen des Rheinland-Pfalz-Tages in Koblenz. Direkt am Eingang wurde ich von zwei Frauen angesprochen, die mich auf das Ada-Lovelace-Projekt und ihren Stand aufmerksam machten. Die eingesetzten Strategien dieses Messeauftritts haben mir so gut gefallen, dass ich dort beschloss, sie in mein Buch aufzunehmen. Es war zwar für die Projektbetreuerin mit Arbeit verbunden, meine Fragen schriftlich zu beantworten, aber es war eine gut investierte Zeit. Hier wurden Prioritäten gesetzt und mit wenig Einsatz eine große Wirkung erzielt!

Und genau das wird häufig von Frauen unterschätzt. Sie vergraben sich in Arbeit, in Kleinigkeiten und bekommen nicht mehr mit, wo und wie die Musik spielt und wie die Spielregeln sind – und dass sie mit einer strategischen Prioritätenverschiebung viel schneller und viel erfolgreicher sein könnten!

Alle Frauen **brauchen** Strategien

Politikerinnen, Vereins- und Verbandsfrauen, Unternehmerinnen, Hausfrauen, Sachbearbeiterinnen, berufstätige Mütter, Abteilungsleiterinnen, Teilzeitbeschäftigte, Freiberuflerinnen, Gleichstellungsbeauftragte ... alle brauchen Strategien!

Wenn Sie selbst nicht diejenige sind, die die Richtung vorgibt, indem Sie das verkünden, was Sie verkünden wollen, dann tun es andere für Sie.

Sie brauchen eine Strategie, um handeln zu können und nicht behandelt zu werden!

Robin Fisher Roffer erzählt in ihrem Buch die Geschichte, wie sie auf einem Empfang jemandem vorgestellt wird als »Gewinnspiel-Queen des Kabelfernsehens«: »... Mir fiel beinahe das Glas aus der Hand ... Ohne zu wissen, wie mir geschah, hatte man mir ein Markenzeichen eingebrannt, noch dazu eines, das mir ganz und gar nicht gefiel. Nachdem ich den ersten Schock überwunden hatte, zog ich eine wichtige Lehre daraus: Wenn du dich nicht selbst zur Marke machst, werden andere es tun.« (Fisher Roffer 2000)

In einem Workshop mit Gleichstellungsbeauftragten aus Unternehmen und Behörden formulierte ich einmal die Aufgabe: »Stellen Sie sich vor, Ihr Chef kommt Ihnen mit einem Fremden entgegen und stellt Sie ihm vor. Was, glauben Sie, sagt er?«

- »Das ist Frau Sommer, die kümmert sich um die Frauen.«
- »Das ist Frau Herbst, die den Männern das Leben schwer macht.«
- »Das ist Frau Winter, die – wie heißt das noch gleich?«

»Als was möchten Sie denn gerne vorgestellt werden?«

- »Das ist Frau Sommer, die es geschafft hat, dass wir bundesweit mit einer tollen Aktion in die Presse gekommen sind. Sie erinnern sich bestimmt.«
- »Das ist Frau Herbst, unsere Gleichstellungsbeauftragte. Ihr ist es gelungen, innerhalb kürzester Zeit einen Frauenförderplan auf die Beine zu stellen.«
- »Das ist Frau Winter, die beharrlich und sehr erfolgreich das Thema Chancengleichheit in unserem Unternehmen managt.«

Sehen Sie den Unterschied? Machen Sie für sich doch auch einmal den Test und überlegen, wie Sie von wem vorgestellt würden. Gefällt Ihnen das oder nicht? Wenn ja, Gratulation! Dann haben Sie tolle Arbeit geleistet. Wenn nein, dann wissen Sie jetzt, dass Sie gleich hier ein Ziel ableiten können.

Sie sind es, die Einfluss nehmen können darauf, wie Sie gesehen werden.

Mit Strategie
in die **Zukunft**

Was also ist zu tun? Zunächst einmal ist es allerhöchste Zeit, nicht mehr den Ist-Zustand zu interpretieren und analysierend zurückzublicken, um dann mit bösen Vorahnungen in die Zukunft zu sehen.

Sondern es ist an der Zeit, sich auf die eigenen Fähigkeiten zu besinnen und das auszubauen, was ohnehin eine besondere Stärke von Frauen ist – nämlich zu kommunizieren. Und das nach allen Seiten, nach außen, nach innen, zielorientiert, effektiv und professionell.

Das Zauberwort dazu heißt Strategie!

Lernen Sie, das richtige Thema zum richtigen Zeitpunkt mit den richtigen Leuten am richtigen Ort anzupacken!

Werden Sie aktiv!

- Analysieren Sie Situationen, bevor Sie agieren!
- Definieren Sie Ziele, deren Ergebnisse messbar sind und umgesetzt werden können!
- Arbeiten Sie Ihre Stärken und Schwächen heraus, um aus den Schwächen Stärken zu entwickeln!
- Arbeiten Sie zielgruppenorientiert, um nicht an Personen vorbei zu handeln!
- Packen Sie Themen an!
- Gewinnen Sie die Presse als Partner!
- Motivieren, informieren und überzeugen Sie!

Wie das alles geht, zeige ich Ihnen. Zwei Ziele verfolge ich dabei:

1. Ihr Bewusstsein zu schärfen und Ihre Augen und Ohren zu sensibilisieren für gelungene Strategien;
2. Sie in die Lage zu versetzen, erfolgreiche Strategien selbst zu entwickeln und lustvoll einzusetzen.

Kapitel 2

Erfolgreiche Frauen- Strategien

Aus der **Pflicht** die Kür – **Jubiläumsfeier**

» Als öffentlich getragene Einrichtung müssen Sie nicht nur ganz besonders gute Arbeit leisten, sondern auch Ihre Geldgeber immer wieder davon überzeugen, wie unverzichtbar Ihr Projekt ist. « (Dr. Christa Lenz, Leiterin der Beratungsstelle Frau & Beruf in Bad Neuenahr-Ahrweiler)

Seit zehn Jahren leitet Christa Lenz die Beratungsstelle Frau & Beruf, die überwiegend vom rheinland-pfälzischen Ministerium für Bildung, Frauen und Jugend und dem Landkreis Ahrweiler finanziert wird. Gegen den nicht unerheblichen politischen Widerstand war es ihr gelungen, dieses Projekt auf standfeste Füße zu stellen und im Kreis zu etablieren. Dennoch steht die Beratungsstelle jedes Jahr aufs Neue auf dem Kosten-Nutzen-Prüfstand. Und das bedeutet regelmäßige Diskussionen um das liebe Geld. Angesichts knapper öffentlicher Kassen wird immer wieder neu entschieden, wo weiter investiert und wo eingespart wird.

> *Und so formulierte Christa Lenz für sich die Aufgabe:* »Wie schaffe ich es, die Weiterfinanzierung durch öffentliche Gelder zu sichern?«
> *Die dazu passende Strategie lautete:* »Mit einer Jubiläumsfeier!«

Die Idee dazu kam ihr, als eine Feier zum 10-jährigen Bestehen der Einrichtung anstand, sie dies jedoch mehr unter der Rubrik »Pflichtveranstaltung« gesehen hatte.

»Warum mache ich nicht aus der Pflicht eine Kür und nutze das Forum, die Bedeutung und Notwendigkeit der Arbeit der Beratungsstelle bei meinen Zielgruppen darzustellen?«

- Es wäre doch die Gelegenheit, ungezwungen aufzuzeigen, wofür konkret die Gelder verwendet werden und welche Ergebnisse daraus resultieren.
- Das Ereignis würde eine große Öffentlichkeit erreichen: ein Imagegewinn nicht nur für die Beratungsstelle, sondern insbesondere auch für die Finanziers!
- »Auf einen Schlag« könnten alle relevanten Zielgruppen erreicht und informiert werden.
- Und nicht zuletzt wäre es auch die Gelegenheit, all den Weggefährten der letzten 10 Jahre zu danken.

GEDACHT – GETAN!

Als Erstes galt es, grob zu planen: wann ungefähr und in welchem Rahmen die Feier stattfinden sollte, wie das Programm zu gestalten und wie viel Zeit für die Planung zu veranschlagen sei.

Schnell stand fest, wenn möglich die Ministerin für Bildung, Frauen und Jugend des Landes Rheinland-Pfalz für eine kurze Ansprache zu gewinnen. Nach entsprechenden Kontakten war klar, dass die Ministerin nicht selbst, jedoch der Staatssekretär kommen würde.

Die Terminierung hing von der Zeitplanung des Staatssekretärs ab und um diesen Termin konnte dann die Feinplanung beginnen. Feiert man in den Räumlichkeiten oder außer Haus? Letztlich entschied sich Christa Lenz dazu, die Seminar- und Büroräume zu nutzen, da dies authentischer war. Ein Werbemittelbudget stand der Beratungsstelle nicht zur Verfügung, so dass die Kosten aus laufenden Geldern gedeckt werden mussten. Das definierte den finanziellen Rahmen. Da das Jubiläum ja alle Zielgruppen gleichermaßen ansprechen sollte, wurde bei der Programmplanung beschlossen, an den »offiziellen Teil« einen lockeren anzuschließen.

Zunächst war wichtig herauszufinden, wer außer dem Staatssekretär sprechen sollte und in welcher Reihenfolge. Die Reihenfolge hing wesentlich von der Funktion der Personen oder ihrer Institutionen ab. Den Abschluss sollten dann Teilnehmerinnen des aktuellen Seminars und ehemalige Ratsuchende bilden – quasi als Übergang zum formlosen Programmteil, dem Sektempfang.

DIE EINLADUNG

Ein Einladungstext war rasch erstellt. Hilfreich bei der Erstellung der Einladungsliste war die Definition der Zielgruppen: Wer hat geholfen, dass die Beratungsstelle so wurde, wie sie ist? Wer gibt das Geld? Mit wem arbeiten wir zusammen? Wen wollen wir über die Beratungsstelle informieren? Welche Einrichtungen, Institutionen gibt es in der Stadt, im Kreis, mit denen wir zusammenarbeiten könnten? Wem wollen wir danken? Wer ist Multiplikator in der Stadt, im Kreis, im Land, in den Verwaltungen?

Auf diese Weise kam schnell eine lange Namensliste zusammen. Neben dem hauseigenen Verteiler und über Internet, Telefonate, Kontakte wurden korrekter Name, Bezeichnung, Anschrift recherchiert. Schließlich wurde die Einladung mit der Programmübersicht und einem vorbereiteten Rückantwortschreiben per Post versandt.

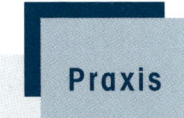

Praxis

Das Einladungsschreiben

Briefkopf/Datum/Adressfeld

10-jähriges Bestehen der Beratungsstelle Frau & Beruf
Einladung zur Jubiläumsfeier

Sehr geehrte Frau ...,

seit nunmehr 10 Jahren fördert, berät und begleitet die Beratungsstelle
Frau & Beruf, vormals Beratungsstelle für Berufsrückkehrerinnen, Frauen
im Kreis Ahrweiler auf ihrem individuellen beruflichen Weg.
Dies ist ein guter Grund zu feiern!

Wir laden Sie daher herzlich ein zu unserer Jubiläumsfeier

  am Mittwoch, 28. Mai 2003,
  15.00 Uhr

in den Räumlichkeiten der Beratungsstelle, Marktplatz 7 in Bad Neuenahr-Ahrweiler.

Wir bitten Sie kurzfristig um Rückantwort auf beiliegendem Faxvordruck,
postalisch, telefonisch oder gerne auch per E-mail an GBB.Ahrwei-
ler@t-online.de.

Wir freuen uns auf Ihr Kommen.

Mit freundlichen Grüßen

Dr. Christa Lenz

Im Gegensatz zur Einladung, die drei Wochen vor der Veranstaltung versendet wurde, ging die Pressemitteilung per E-Mail erst einige Tage vor der Veranstaltung an die entsprechenden Pressevertreter.

Den Erfolg dieser Veranstaltung spiegelt beispielsweise folgender Presseartikel wieder:

Praxis

Erfolgsbilanz nach 10 Jahren

Beratungsstelle »Frau und Beruf« feierte Jubiläum

»... Prof. Dr. Joachim Hofmann-Göttig gratulierte herzlich zu den Erfolgen der letzten 10 Jahre und versprach, das Land werde weiterhin den Erfolg der Beratungsstelle mit entsprechender finanzieller Förderung honorieren. Die Bilanz von 1500 Beratungsgesprächen allein im Jahr 2002 nannte er eindrucksvoll. Da wollte auch die erste Beigeordnete des Kreises, Ingrid Näkel-Surges nicht zurückstehen und betonte im Namen von Landrat Dr. Pföhler, die Beratungsstelle wolle im Kreis niemand mehr missen. Sie erinnerte an die Kreistagssitzung, bei welcher über die Beratungsstelle beraten werden sollte: Damals eilte Dr. Christa Lenz mit etlichen Frauen in den Sitzungssaal, um für die Einrichtung der Beratungsstelle einzutreten. Da, so Näkel-Surges, fiel den Kreistagsmitgliedern auf: › Das sind ja unsere Frauen, denen da geholfen werden soll.‹ Und diese Erkenntnis, so schmunzelte die Erste Beigeordnete, habe sicherlich dazu beigetragen, dass die Entscheidung pro Beratungsstelle ausfiel ...«

Und die Moral von der Geschicht' ...

Carpe diem – Nutze den Tag und nutze ein Fest, um damit gleich mehrere Ziele auf einmal zu verknüpfen.

»Tue es gut – und rede darüber!«

»Die Grenzen der staatlichen Finanzierungsmöglichkeiten erfordern ein Umdenken. Ein › Weiter so‹ ist nicht möglich. Non-Profit-Organisationen müssen für ihre Leistungen und deren Finanzierung Marketing betreiben, denn auf dem Markt der Gemeinnützigkeit tummeln sich viele Wettbewerber. Sie kommen nicht umhin, kontinuierlich öffentlich Rechenschaft über ihre Arbeit abzulegen, diese für die Gesellschaft transparent zu machen und deren Notwendigkeit zu begründen ... Es kommt darauf an, die eigene Leistung gegenüber der Leistung derjenigen, die ebenfalls um die Ressourcen konkurrieren, zu profilieren.« (Haibach 1996)

Von Anfang an große Schritte – Audit Beruf & Familie®

» Ich wollte gleich am Anfang meiner Tätigkeit als Gleichstellungsbeauftragte bei der VICTORIA Versicherungen AG große Schritte gehen. Denn mir war klar: Diese Funktion wird nicht von allen gleichermaßen geschätzt, anerkannt und unterstützt. Also muss ich dafür sorgen, sie schnellstmöglich zu legitimieren und zu etablieren. « (Katrin Peplinski, seit 1. Juli 2002 als Gleichstellungsbeauftragte im Bereich Personal & Bildung mit den Aufgaben zu Fragen der Chancengleichheit und Vereinbarkeit von Beruf und Familie betraut)

Als die Diplom-Pädagogin Katrin Peplinski 1991 bei der VICTORIA Versicherungen AG in Düsseldorf in der Betriebsorganisation ihre Arbeit aufnahm und dann nach kurzer Elternzeit 1998 in den Bereich Gebäudemanagement wechselte, konnte sie noch nicht ahnen, dass sie später als Gleichstellungsbeauftragte dem Unternehmen einen gewichtigen »Stempel« aufdrücken würde.

Sie wollte gleich zu Beginn ihrer Tätigkeit Großes anstreben.

Und so formulierte sie die Aufgabe: »Wie schaffe ich es von Anfang an, meiner neuen Funktion ein Gesicht und ein Gewicht zu geben?« *Die dazu passende Strategie lautete:* »Mit dem Audit Beruf & Familie®!«

Katrin Peplinski war diese Idee, die so simpel klingt und logisch erscheint, nicht »vom Himmel gefallen«, sondern entwickelte sich nach eingehender Analyse ihrer Situation. Dabei brachte sie zwei wesentliche Faktoren zusammen, die sich aus dieser Vorarbeit ergeben hatten.

1. Gleich zu Beginn ihrer Tätigkeit als Gleichstellungsbeauftragte hätte sie eine Situationsanalyse über den Status quo zum Thema »Chancengleichheit und familienfreundliche Maßnahmen im Unternehmen« erstellen müssen. Das wäre ein langwieriger Prozess mit wenig »Öffentlichkeitswirksamkeit« geworden.
   Sie wusste aber, dass genau diese Aufgabe auch über einen anderen Weg möglich war, nämlich über das Audit Beruf & Familie®, bei dem sich Unternehmen als familienfreundlich zertifizieren lassen können.
2. Das Thema Audit und Zertifizierung war der Geschäftsleitung seit der erfolgreichen Durchführung des Umwelt-Audits ein Begriff. Somit war also nicht mehr Überzeugungsarbeit für die große Bedeutung eines Audits für ein Unternehmen erforderlich, sondern es ließ sich leicht daran anknüpfen.

Diese Faktoren kombinierte Katrin Peplinski zu ihrer Strategie.

DIE UMSETZUNG DER STRATEGIE

Im ersten Schritt informierte sie sich über die Rahmenbedingungen, die zur Erlangung dieses Zertifikats erforderlich sind.

Der nächste Schritt bestand darin, die Spitze des Unternehmens vom Audit Beruf & Familie® zu überzeugen. Denn eines wusste Katrin Peplinski: Wenn die Unternehmensleitung nicht mitzieht und den Vorteil des Audits für das Unternehmen nicht sieht und anerkennt, ist die Durchsetzung der jeweiligen Schritte viel beschwerlicher.

SENSIBILISIERUNG DER GESCHÄFTSLEITUNG

In einem persönlichen Gespräch mit dem Personalvorstand schlug Katrin Peplinski ihre Strategie vor und belegte sie mit folgender Argumentation:

- Wenn wir uns mit dem Audit Beruf & Familie® zertifizieren lassen, werden wir das erste familienfreundliche Versicherungsunternehmen sein!
- Hier übernehmen wir eine Vorreiterrolle und verschaffen uns ein positives Image intern und extern!
- Familienfreundlichkeit ist ein Wettbewerbsvorteil: Wir verbessern damit die Motivation der Beschäftigten und steigern dadurch deren Leistungs- und Arbeitsbereitschaft!
- Dies wird sich positiv auf den Geschäftserfolg auswirken. Es gibt aktuelle Studien, die das belegen.
- Mithilfe eines systematischen Kriterienkatalogs werden wir in 10 Handlungsfeldern einer eingehenden Betrachtung unterzogen und schaffen uns damit die Basis für eine objektive Kosten-Nutzen-Analyse familienbewusster Maßnahmen.

SENSIBILISIERUNG DES BETRIEBSRATES

In ihrem PowerPoint-Vortrag konzentrierte sich Katrin Peplinski auf folgende Botschaften: Was ist das Audit? Warum das Audit? Welche Handlungsfelder? Wie ist der Ablauf? Wem nutzt das Audit? Und wie ist die weitere Vorgehensweise? Mit Unterstützung des Betriebsrates unter der Regie des Gesamtbetriebsratsvorsitzenden ging es dann in die nächste Runde.

ERARBEITUNG DES ZIELEKATALOGS

In einem vom Personalvorstand und Katrin Peplinski einberufenen Workshop wurde eine für das Haus repräsentative Gruppe zusammengeführt, die dann gemeinsam mit zwei Auditoren der Beruf & Familie GmbH wurde für zirka 5000 Verwaltungsmitarbeiter bundesweit ein detailliertes Abwicklungsprogramm erarbeitet.

Die Workshop-Teilnehmenden erstellten anhand eines Fragebogens für Handlungsfelder eine Ist-Analyse ihres Unternehmens und erarbeiteten klar umrissene, sachbezogene Ziele zur Verbesserung einzelner Bereiche im Sinne einer familienfreundlichen Personalpolitik.

Dieser gemeinsam erarbeitete Zielsetzungskatalog, der dem Personalvorstand sowie dem Vorsitzenden des Gesamtbetriebsrats vorgelegt wurde, bildete den Abschluss des Verfahrens.

VERLEIHUNG DES ZERTIFIKATS DURCH DIE BUNDESMINISTERIN RENATE SCHMIDT

Nachdem die »Hausaufgaben« erledigt waren, ging es darum, die Verleihung des Zertifikats zu einem Fest zu machen. Unter dem Motto »Menschen schaffen Werte« organisierte die Gemeinnützige Hertie-Stiftung die Zertifikatsverleihung Audit Beruf & Familie® in der VICTORIA Versicherungen AG im Juli 2003, bei der noch 22 weitere Unternehmen, Organisationen, Behörden ausgezeichnet wurden.

Die zertifizierten Unternehmen/Behörden waren auf der anschließenden Infobörse mit einem Stand vertreten. Die Stände waren einheitlich gestaltet und informierten die Besucher über die Teilnehmer, ihre Motivation für das Audit und die bereits umgesetzten und zukünftigen Maßnahmen im Rahmen des Zertifikats.

Die Pressemappe enthielt: Teilnehmerliste, Übersichtsliste der beteiligten Unternehmen und Behörden, Programmablauf, Einladungsflyer, Liste der zertifizierten Unternehmen/Behörden mit jeweiligen Ansprechpartnern, Übersicht der Infobörsen-Beteiligten mit den jeweiligen Schwerpunktthemen auf der Börse. Enthalten waren ebenfalls die Presseinformation der Gemeinnützigen Hertie-Stiftung und folgende Pressemitteilung des Bundesministeriums für Familie, Senioren, Frauen und Jugend:

Praxis

Bundesministerin Renate Schmidt:
Balance von Familie und Arbeitswelt rechnet sich für alle ...

Eine bessere Balance von Familie und Arbeitswelt zu erreichen, ist eine der großen gemeinsamen Aufgaben von Politik, Wirtschaft und Gesellschaft. Viele Unternehmen haben bereits erkannt, dass sich ökonomische Vorteile und eine familienfreundliche Unternehmenskultur nicht widersprechen, sondern einander bedingen ... Die Bundesministerin für Familie, Senioren, Frauen und Jugend, Renate Schmidt, übergibt in diesem Jahr die Zertifikate an 23 Unternehmen bzw. Institutionen bei der Festveranstaltung am 8. Juli 2003 in Düsseldorf.
Die Bundesministerin für Familie, Senioren, Frauen und Jugend, Renate Schmidt, zeigt sich überzeugt: › Unternehmen werden künftig stärker den Wettbewerbsvorteil einer familien- und frauenfreundlichen Unternehmenskultur nutzen. Die heute mit dem Audit Beruf & Familie ausgezeichneten Unternehmen haben bereits erkannt, dass von Telearbeit, flexiblen

Arbeitszeiten, Wiedereinstiegsprogrammen nach einer Familienphase und innovativen Betreuungsmöglichkeiten beide profitieren, Unternehmen und Mitarbeiterinnen und Mitarbeiter gleichermaßen. Dies wird auch eine betriebswirtschaftliche Kosten-Nutzen-Analyse der Prognos AG belegen, die ich in Auftrag gegeben habe. Für eine neue Balance von Familie und Arbeitswelt müssen Politik, Wirtschaft und Interessenverbände enger zusammenarbeiten als bisher. Wir haben deshalb eine › Allianz für Familie‹ ins Leben gerufen. Denn nur mit dem aktiven Mitwirken von Unternehmen und Gewerkschaften, die gemeinsam den Schlüssel für die Veränderung beruflicher Zeiten in den Händen halten, wird eine neue Konzeption für Zeit für Familie entstehen...‹

Und die Moral von der Geschicht' ...

Hole mutig starke Partner mit ins Boot und sorge dafür, dass alle einen Gewinn davon haben!

**Ziele auf den Mond!
Und wenn du daneben triffst,
landest du immer noch in den Sternen!**

»Angesichts der schwindelerregenden Veränderungen in der Welt und am Arbeitsplatz bin ich überzeugt, dass es für Frauen wichtiger denn je ist, wirkungsvoll handeln zu lernen. Wer in dem neuen Klima globaler Konkurrenz vorankommen will, muss ein hohes Maß an Initiative haben ...« (Schenkel 1998)

»Work-Life-Balance ist bei vielen Unternehmen zwar in aller Munde, aber nicht immer wird es auch entsprechend betriebsintern gelebt, sondern bleibt ein Lippenbekenntnis. Aus heutiger Sicht halte ich es im Zuge der globalisierten Arbeitswelt und den veränderten gesellschaftlichen Entwicklungen für unablässig, hier deutliche und ehrliche Akzente zu setzen, und das auf allen Führungsebenen. Der Erfolg eines Unternehmens hängt im hohen Maße sowohl von der Leistungsfähigkeit und Leistungsbereitschaft der Beschäftigten, als auch von den durch das Unternehmen gesetzten Rahmenbedingungen ab. Wir brauchen qualifizierte, motivierte, engagierte und zufriedene Mitarbeiterinnen und Mitarbeiter. Nur ein ausgeglichenes Berufs- und Privatleben fördert die Arbeitsleistung und die Motivation. Mir persönlich ist ein ausgewogenes Verhältnis von Berufs- und Privatleben sehr wichtig. Umso mehr bin ich froh, für ein Unternehmen zu arbeiten, das für die Ausgewogenheit von Privat- und Berufsleben Verantwortung übernimmt und mit verschiedenen Maßnahmen einer konkreten Umsetzung Rechnung trägt.«

Achim Berg, Bereichsvorstand T-Com, Marketing und Vertrieb, verheiratet und Vater eines Kindes

Gekonnt präsentiert –
Messeauftritt

» Was ich will, das kann ich! «
(Ada Byron Lovelace (1815–1852), Mathematikerin und erste Programmiererin, die die Programmiersprache »ada« entwickelte, die heute noch in der amerikanischen Raumfahrt Anwendung findet)

Im August 1997 wurde das Ada-Lovelace-Projekt unter der Leitung der Professorin Dr. Elisabeth Sander an der Universität Koblenz-Landau ins Leben gerufen. Es ist ein Mentorinnen-Projekt an allen Hoch-

schulen in Rheinland-Pfalz mit dem Ziel, Mädchen und junge Frauen
für technisch-naturwissenschaftliche Studiengänge zu gewinnen.
Vorbild für dieses Projekt ist die englische Adlige Ada Lovelace, die
ihren mathematischen und naturwissenschaftlichen Interessen nach-
ging und damit ihrer Zeit weit voraus war. So wie sie damals den Mut
hatte, eine andere berufliche Richtung einzuschlagen, wollen heute
die Mentorinnen jungen Frauen und Mädchen Mut machen, ihre beruflichen Chancen in den Naturwissenschaften zu finden.

Yvonne Borchert arbeitet als Trainerin beim Ada-Lovelace-Projekt
mit den Mentorinnen des Projekts und schult sie unter anderem zum
Thema Öffentlichkeitsarbeit:

> *Sie formulierte die Aufgabe:* »Wie gelingt es uns, den Bekanntheits-
> grad des Projektes bei unseren Zielgruppen zu steigern?«
> *Die dazu passende Strategie lautete:* »Mit einem Messeauftritt!«

*Warum hat sich das Ada-Lovelace-Projekt auf der Frauenprojektmesse im
Rahmen des Rheinland-Pfalz-Tages in Koblenz 2003 präsentiert?*

Eine Messe ist immer eine ideale Gelegenheit, öffentlich zu zeigen,
wer man ist und für was man steht. Dies nicht zu nutzen wäre wirklich ein grober Fehler.

Auf der Frauenprojektmesse hatten wir die Möglichkeit, unsere
Zielgruppen anzusprechen – in erster Linie natürlich die interessierten Mädchen und jungen Frauen, aber auch Lehrer und Eltern.

Wir wollten ihnen zeigen,

● dass es uns als Mentorinnen-Netzwerk in Rheinland-Pfalz gibt,
● dass wir ein gutes Angebot haben, welches von Lehrenden und
  von Lernenden in den Schulen kostenlos genutzt werden kann –
  beispielsweise unsere PC-Trainings oder Selbstsicherheitskurse,

● dass unser Angebot vielfältig ist und zielgruppenorientiert erfolgt, so dass eine ideale Lernsituation in einer guten Lernumgebung gewährleistet ist,

● und dass die Mentorinnen, das heißt die Studentinnen und Auszubildenden, sich im hohen Maße mit dem identifizieren, wofür sie stehen, und damit natürlich leicht den Kontakt zu Interessierten herstellen können.

Sie bieten spezielle Messetrainings für Mentorinnen an. Was genau verbirgt sich dahinter?

Da sich das Projekt häufig in der Öffentlichkeit präsentiert, erhalten alle Mentorinnen zertifizierte Kommunikations-, Präsentations- und Messetrainings – unabhängig von anstehenden Messeterminen.

Sobald die Studentinnen ihre Tätigkeit als wissenschaftliche Hilfskraft im Ada-Lovelace-Projekt aufnehmen, wird im ersten Teil eine Einführungsschulung ins Projekt durchgeführt: Wer sind wir? Wofür stehen wir? Wie arbeiten wir?

Im zweiten Teil der Schulung betreiben die Studentinnen eine Art Selbstreflexion: Warum habe ich diese Studienrichtung ausgewählt? Was hat mich bewogen, mich für das Projekt zu engagieren? Und was möchte ich als individuelle Mission in die Projektarbeit einbringen?

Diese Einführung bietet den Studentinnen einen Grundstock an Informationen und auch eine innere Sicherheit, da die Ermutigung von Schülerinnen und das Wecken von Neugierde nur erfolgreich sein kann, wenn die Mentorin von der eigenen Fachwahl überzeugt ist und die eigene Argumentation und Entscheidungsfindung nachvollziehbar präsentieren kann.

Da die Schulungen im kleinen Rahmen stattfinden, kommt es meist zu anregenden Diskussionen, von denen jede Mentorin im Projekt profitiert. Auf dieser Basis erhalten die Mentorinnen dann ein Kommunikations- und ein Präsentationstraining, in dem es grund-

sätzlich um verbale und nonverbale Kommunikation sowie um In-
formationsaufarbeitung und -vermittlung geht. Im Messetraining
geht es dann um spezielle Veranstaltungen wie die Frauenprojektmesse oder auch Hochschulinformationsmessen.

Das Messetraining basiert auf den eigenen Erfahrungen und Erinnerungen der Teilnehmerinnen mit Messebetreuungen und Messe-
besuchen.

Anhand eines Metaplans werden alle Begriffe rund um die Messe
gesammelt, welche die Studentinnen mit Messe assoziieren. Diese
Begriffe werden dann in der Gruppe in die drei Phasen eines Messeauftritts aufgeteilt: Konzeption, Durchführung und Evaluation.

In Kleingruppen erarbeiten die Mentorinnen die Aufgaben, die zu
der jeweiligen Phase gehören. Nach dem Zusammentragen der Ergebnisse geht es von der Theorie in die Praxis: Ein Universitäts-Event
ist in Planung, das Ada-Lovelace-Projekt hat dort einen Stand und
die Studentinnen sollen alles bis ins Detail planen.

Mit dieser Übung erhalten die Mentorinnen einen ersten Überblick, wie umfangreich die Planungen für eine Messe sind.

Wenn diese Gruppenarbeit abgeschlossen ist, werden die Teilnehmerinnen in zwei Kleingruppen geteilt, wovon die eine Gruppe ein
Schaubild darüber anfertigen muss, was als Standbetreuung wichtig
ist, während sich die andere Gruppe mit der Situation der Besucher
beschäftigt. Anschließend tauschen sich die Gruppen über den Inhalt
ihrer Arbeit aus und es entsteht eine Diskussion, was bei den Besuchern gut ankommt und was man als Standbetreuerin tunlichst un-
terlassen sollte.

Es werden Rollenspiele durchgeführt, wie man auf Menschen zu-
geht, den Dialog aufbaut und wie man sich am Stand verhält. Es geht
darum, sich selbst kennen zu lernen und zu sehen, wie man auf andere wirkt und was man tun kann, damit man beim Gegenüber, einem
potenziellen Messebesucher, gut ankommt, indem man Interesse
weckt.

Welche Ideen haben Sie konkret umgesetzt?

Auf der Frauenprojektmesse haben wir unseren Projekt-Slogan »Was ich will, das kann ich« auf zwei verschieden großen Mobiles darge-stellt, die sich mit dem Wind bewegten. Dadurch und durch die Farbwahl – Rot –, die Farbe des Projekts, wurden die Besucher ange-lockt.

Eine Mentorin mischte sich als Ada verkleidet unter die Frauen und motivierte sie, an einer Rallye teilzunehmen.

Zwei Mentorinnen standen direkt am Eingang zur Frauenprojekt-messe, um erstens generell auf die Messe aufmerksam zu machen, die etwas abseits vom Hauptgeschehen lag, und gezielt auf das Angebot des Ada-Lovelace-Projektes hinzuweisen.

Vor unseren Stand hatten wir eine Schaufensterpuppe gestellt, die in Kleidung und Aufmachung unserem Vorbild Ada Lovelace sehr ähnlich sah. Dieser Puppe gaben wir eine PC-Tastatur in die Hand.

Den Stand gestalteten wir stelltechnisch offen, so dass die Besu-cher unbeschwert die Plakate von Nobelpreisträgerinnen der Natur-wissenschaft und Technik betrachten konnten. Informationsmaterial wie Broschüren, der Ada-Lovelace-Schulkalender sowie Gebäck und Blumen waren auf den Stehtischen.

Neben unserem eigenen Stand hatten wir noch einen Tisch aufge-baut, an dem die Besucher sich am Innenleben eines PCs erproben konnten. Mentorinnen unterstützten die Interessierten dabei, indem sie die einzelnen Bestandteile erklärten und darauf hinwiesen, wo-rauf man achten muss, wenn man den Computer wieder zusammen-bauen möchte.

Das Highlight unseres Standes war eine Rallye über einzelne Stän-de der Frauenprojektmesse. Die Vorbereitung von der Gestaltung über die Fragen bis zur Auswahl der kooperierenden Aussteller war zwar aufwändig, aber sehr erfolgreich, so ganz nebenbei entstand da-durch auch ein weiteres Netzwerk.

Welche Erfahrungen haben Sie auf der Messe gemacht?

Messen sind immer ein Gewinn! Wenn man sie denn richtig nutzt und gut vorbereitet ist! Wir haben neue Kontakte geknüpft, bestehende intensiviert, uns noch stärker vernetzt und wieder einmal ins Gespräch gebracht. Wir konnten beispielsweise die Gleichstellungsbeauftragte einer benachbarten Stadt für unser Projekt als Kooperationspartner überzeugen, so dass am Ende des Jahres eine gemeinsame Berufsinformationsveranstaltung für Mädchen anvisiert ist. Wir stellten vielen Eltern unser Projekt vor, woraus sich Anfragen für Computerschulungen ergeben haben. Sehr erfolgreich waren auch die Kontakte mit Lehrkräften. Viele von ihnen kamen auf uns zu und informierten sich ausführlich über das Ada-Lovelace-Projekt. Gerade in Bezug auf die Schulkontakte haben wir uns auch gefreut, dass einige Lehrer gezielt zu uns an den Stand kamen und sich lobend über die Projektarbeit vor Ort äußerten – das bestätigte unsere Arbeit und erfreute uns auch persönlich. Auch kritische Fragen, wie es denn umsetzbar sei, dass man den Mädchen etwas Projektspezifisches anbietet, ohne die Jungen hierdurch zu benachteiligen, konnten wir beantworten und unsere bereits erprobten Alternativprogramme vorstellen. Für den neuen Schulkalender konnten wir einige interessante Kontakte knüpfen. Eine Geoökologin stellte sich spontan zur Verfügung, um als Vorbild zu fungieren.

Es gab auch Menschen, die mehrfach zum Messestand kamen, sich die Zeit nahmen, die Ausstellung der Nobelpreisträgerinnen auf sich wirken zu lassen und immer weiterführendere Informationen wünschten. Sehr positiv wurde auch das › PC-Schrauben‹ als Angebot angenommen. Dieses Mal nutzten besonders Kinder und Jugendliche diese Mitmachaktion. Es zeigte sich, dass gerade diese Zielgruppe sich sehr für das Innenleben eines Computers interessiert.

Also alles in allem: ein gelungener Auftritt, der uns wieder einmal bestätigt hat, wie wichtig es ist, »Bühnen« zu nutzen und Messebesucher aktiv mit einzubeziehen!

Und die Moral von der Geschicht' ...

Wer in der Öffentlichkeit wahrgenommen werden will, muss sich auf die Bühne wagen!

**Die Chance klopft öfter an, als wir glauben;
aber meistens ist niemand zu Hause.**

Will Rogers

»Zufälle und glückliche Begegnungen scheinen bei manchem die Karriere stark geprägt zu haben. Ich glaube, dass diese so genannten Zufälle und glücklichen Begegnungen bei erfolgreichen Menschen Teil ihrer persönlichen Lebens- und Karriere-Strategie sind. Ich halte es für wichtig – vergleichbar einem Unternehmen – frühzeitig eine Vision von dem zu entwickeln, was man beruflich oder privat erreichen möchte, und schon zu Beginn des beruflichen Weges eine konkrete Vorstellung von dem zu haben, was man über einen Horizont von fünf oder sogar zehn Jahren erreichen möchte. Entsprechend dieser Vorstellung richtet man dann sein Leben aus. Dies betrifft dann nicht nur die beruflich orientierten Lebenssituationen, sondern geht auch weit in die privaten Lebensräume hinein. Daraus resultieren häufig Kontakte, die im beruflichen Fortkommen äußerst hilfreich sind. Daher halte ich die Unterstützung, die man dann zum geeigneten Zeitpunkt aus den Netzwerken erhält, eben nicht mehr für zufällig.«
Ronald Brings, Manager Customer Development in einem Telekommunikationsunternehmen:

»Ein weiteres Zauberwort ist Begeisterung. Wenn Sie mit einer inneren Begeisterung Ihre Inhalte vermitteln, werden Sie auch andere davon begeistern. Deshalb müssen Sie ... Sendungsbewusstsein haben. Es muss Ihnen wichtig sein, dass das, was Sie sagen, auch jeden Einzelnen erreicht ... Dazu müssen Sie mit einer gewissen Freude in die Öffentlichkeit gehen ... Diese Lust wird sich zwangsläufig auf Ihr Publikum übertragen und man wird es als lustvoll empfinden, Ihnen zuzuhören ...« (Landauer 2001)

Die richtige Methode zum richtigen Zeitpunkt –
Zukunftswerkstatt

» Wir haben in unserem Unternehmen zu wenig Frauen in Führungspositionen. Und das wollen wir ändern! «
(Lovro Mandac, Vorstandsvorsitzender der Kaufhof Warenhaus AG)

Ganz plötzlich ist sie da: die Gelegenheit – und Sie wissen: Wenn Sie jetzt nicht zugreifen, dann ist die Chance vertan.

Genauso ging es mir, als ich bei einer Siemens-Jahrestagung in München plötzlich diese Worte des Kaufhof-Vorstandsvorsitzenden hörte. Ganz selten wird nämlich von oberster Stelle der Wunsch nach mehr Frauen in Führungspositionen so offen kommuniziert.

Hier lag für mich die Chance anzuknüpfen und meine Erfahrung mit dem Management dieser Themen und meine Unterstützung anzubieten.

Ich stellte mir die Aufgabe: »Wie gelingt es mir, mein Thema in das Unternehmen zu bringen und erfolgreich zu managen?«
Die dazu passende Strategie lautete: »Mit der Zukunftswerkstatt!«

DER BRIEF AN DEN VORSTANDSVORSITZENDEN

Da sich bei der Veranstaltung nicht mehr die Gelegenheit ergab, Lovro Mandac auf das Thema anzusprechen, entschied ich mich für einen Brief, in dem ich knapp und präzise Folgendes zum Ausdruck bringen wollte:

● meinen Anknüpfungspunkt
● meine Motivation für diesen Brief
● meine berufliche Kompetenz
● und meinen Nutzen für das Unternehmen.

Mein Ziel war, neugierig zu machen und einen Gesprächstermin zu bekommen.

Praxis

Briefkopf/Datum/Adressfeld

Von 0 auf 1,2,4,16 ... Prozent

Sehr geehrter Herr Mandac,

eigentlich wollte ich Sie vergangenen Freitag auf dem Rückflug von München nach Köln von einer Idee faszinieren.

Doch da haben wir uns leider verpasst, so dass ich Ihnen nun über den schriftlichen Weg einen Floh ins Ohr setzen möchte:

In Ihrem Vortrag über Galeria Kaufhof anlässlich der Siemens-Jahrestagung sprachen Sie auch davon, den Anteil an weiblichen Führungskräften innerhalb Ihres Unternehmens deutlich zu erhöhen.

An dieser Stelle hörte ich nicht nur als Moderatorin der bevorstehenden Podiumsdiskussion zu, sondern auch als ehemalige Gleichstellungsbeauftragte und heutige Trainerin unter anderem für Frauen, die Führungspositionen bereits innehaben oder anstreben.

So coache und schule ich beispielsweise Gleichstellungsbeauftragte aus Düsseldorfer Unternehmen und Behörden (Metro, Siemens, Rheinbahn, Kaufring, Landesarbeitsamt, Mannesmann Mobilfunk ...) im Auftrag der Kommunalstelle Frau & Beruf zu den Fragen Kommunikation und Öffentlichkeitsarbeit.

Ich weiß um die großen Chancen für ein Unternehmen, wenn auch Frauen in Führungspositionen sind.

Ich weiß um die hohe Qualifikation und besondere Motivation von Frauen.

Ich weiß um das häufig spannungsgeladene Feld zwischen Beruf und Familie.

Und ich weiß, wie man all das zusammenbringen kann zum Wohle des Unternehmens und der Frauen.

Von 0 auf 1, 2, 4, 16 ... Prozent Frauen in Führungspositionen – das ist der Floh, den ich Ihnen ins Ohr setzen will. (Von den anderen Ideen will ich jetzt noch gar nicht reden.)

Interessiert? Dann würde ich mich sehr darüber freuen, Ihnen mein Leistungsspektrum näher vorzustellen.

Mit freundlichen Grüßen
Astrid Braun-Höller

Wenig später erhielt ich einen Gesprächstermin.

DAS PERSÖNLICHE GESPRÄCH MIT DEM VORSTANDSVORSITZENDEN

In unserem persönlichen Gespräch konzentrierte ich mich auf folgende Kernbotschaften:

- Sie wollen erreichen, dass mehr Frauen in Führungspositionen gelangen.
- Ich weiß, wie man ein solches Thema erfolgreich managt, da ich PR-Profi bin und zudem viel Erfahrung mit dem Thema mitbringe.
- Ich kenne viele Unternehmen, die erfolgreich, aber auch weniger erfolgreich bei der Umsetzung dieses Zieles sind und waren.
- Jetzt kann ich Ihnen noch nicht sagen, welche Strategie in Ihrem Unternehmen greift. Dazu muss ich mir einen kurzen Einblick verschaffen, um den Hebel zu finden, mit dem wir unser Ziel erreichen.
- Ich möchte dieses Thema für Sie managen.

DIE VORBEREITUNGSPHASE

In weiteren Vorbereitungsgesprächen mit Personalverantwortlichen wollte ich einerseits herausfinden, wie weit das Unternehmen in puncto Chancengleichheit ist: Welche Aktivitäten/Projekte sind angedacht, gewollt oder laufen bereits? Wie ist der prozentuale Anteil von Frauen in Führungspositionen? Gibt es spezielle Frauenförderprogramme, flexible Arbeitszeitmodelle, Kinderbetreuungsangebote? Ist dieses Thema im Unternehmen bereits auf unterschiedlichen Hierarchieebenen in Workshops, AGs, in hauseigenen Medien ... behandelt worden? Welche Erfahrungen macht das Unternehmen im Wettbewerb um Talente? Wie werden diese Erfahrungen eingebunden in Personalentwicklungsprogramme? Also mit einem Wort: die Ermittlung des Status quo.

Andererseits wollte ich die Stimmung im Unternehmen herausspüren: Wie offen ist man für das Thema? Wer sind neben dem Vorstandsvorsitzenden die weiteren Betreiber des Themas? Welche Personenkreise sind für das Thema relevant? Wird hier bereits Bereitschaft signalisiert? Wie ist die Kultur des Miteinander?

Ich erhielt den Auftrag, ein Konzept zu entwickeln, das ein breites Bewusstsein für die Bedeutung des Themas »Mehr Frauen in Führungspositionen« bei Führungskräften schafft und den Stein ins Rollen bringt, dieses Ziel auch zu erreichen.

Aus meiner Erfahrung wusste ich, worauf es hierbei ankommt, und so formulierte ich dazu meine Thesen, die ich dem Unternehmen schriftlich zukommen ließ:

»Frauenförderung gelingt,

- wenn sie von unten nach oben mit vielfältigen Mitteln und Methoden und den verschiedensten Zielgruppen entwickelt und nicht wie eine Glocke über das Unternehmen gestülpt wird;
- wenn sie betriebswirtschaftlich behandelt und nicht als »Sozialklimbim« abgetan wird;
- wenn kreativ Einfluss auf Denk- und Verhaltensweisen (bei Männern und Frauen) genommen wird;
- wenn Frauen *und* Männer auf den unterschiedlichsten Ebenen und in unterschiedlichsten Funktionen aktiv beteiligt sind;
- wenn Widerstände/Ängste/Rollenmuster (bei Männern *und* Frauen) von Anfang an mit berücksichtigt werden ...«

Nach genauer Analyse der Unternehmenssituation hatte ich den Hebel gefunden. Die Zukunftswerkstatt war als Einstieg genau der richtige Weg. Die Methode war dem Unternehmen fremd, was ein Vorteil war.

Mir war klar, welche Themen in der Werkstatt angesprochen werden würden. Aber ich wusste ja: Es ist ein riesengroßer Unterschied,

wenn Menschen selbst aktiv ihre Themen erarbeiten. Sie identifizieren sich viel eher damit und die Chance der Umsetzung ist somit um
vieles größer. Absolut davon überzeugt, dass genau hiermit die Tür
in diesem Unternehmen geöffnet werden kann, schlug ich die Methode in meinem Konzept vor. Allerdings verriet ich hier noch nicht
zu viel, ich wollte ja nicht nur meine Idee verkaufen, sondern auch an
der Umsetzung dieser Methode beteiligt werden:

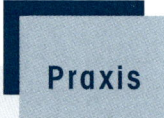

Praxis

Das Konzept

● Die Ausgangssituation:
  Von allen Beschäftigten sind ...% Frauen, auf Abteilungsleitungsebene
  ..., unter den leitenden Angestellten ... und auf der Leitungsebene und
  im Vorstand ... Frauen.

● Das Fazit:
  Je höher die Position und Verantwortung, desto niedriger der Anteil
  der Frauen.

● Der Appell:
  »... Es gibt nur *lächerlich* wenige Unternehmen, die die *Möglichkeiten
  von Frauen* zu ihrem Vorteil nutzen. Was für ein (*kostspieliger*) Fehler.« (Tom Peters: Der Innovationskreis)
  »... das wird sich bald ändern.« (Lovro Mandac)

● Das Potenzial:
  Frauen fühlen, denken, handeln, führen und entscheiden anders als
  Männer.
  In diesen unterschiedlichen Denk- und Arbeitsweisen von Männern
  und Frauen liegt aber gerade das Potenzial für eine effiziente Zusam-

menarbeit, die dem Unternehmen und den Beschäftigten vielfältige Vorteile bringen wird.

● Das Ziel:
Erhöhung des Anteils an weiblichen Führungskräften und Aktivierung der ungenutzten Potenziale der weiblichen Angestellten in der Kaufhof Warenhaus AG.
Es geht nicht um Frauenförderung im Sinne einer tatsächlichen oder vermeintlichen Bevorzugung von Frauen, sondern letztlich darum, dem Leistungsprinzip zum Durchbruch zu verhelfen. Dazu müssen Bedingungen geschaffen werden, unter denen alle leisten können und wollen.

● Die Zielgruppe:
Frauen und Männer in Führungspositionen der Kaufhof Warenhaus AG.

● Der Weg:
Im Rahmen einer Zukunftswerkstatt werden unter aktiver Beteiligung aller Teilnehmenden der Themenkreis skizziert und strukturiert sowie Eckdaten für die künftige Strategie festgelegt.
Die Zukunftswerkstatt gliedert sich in die drei klassischen Bereiche:

1. Kritikphase (Ist-Analyse), Sammeln, Strukturieren, Auswählen
2. Phantasiephase Kaufhof 2010 Plus (positive Umkehr der Kritik, angestrebte Idealzustände), Strukturieren, Vertiefen, Auswählen
3. Realisierungsphase, Umsetzung in eine realistische Zielformulierung, Festlegung der weiteren Schritte

● Das Motto:
Wir gestalten Zukunft!

Unter folgenden Rahmenbedingungen entstand das Konzept: Der einzuladende Personenkreis umfasste alle weiblichen Führungskräfte der oberen Ebene (zu diesem Zeitpunkt waren es 40) und die gleiche Anzahl männlicher Kollegen: Vorstände, Direktoren, Geschäftsführer und Bereichsleiter.

Um in kleineren Gruppen arbeiten zu können und noch mehr Input und Vergleichsmöglichkeiten zu erhalten, wurde die Gruppe in zwei Werkstätten aufgeteilt.

Die Zukunftswerkstätten stießen bei allen Beteiligten auf positive Resonanz. »Am Ende der Veranstaltung stimmte der Teilnehmerkreis darin überein, dass gemischte Teams auf allen Führungsebenen Vorteile und mehr Spaß bei der Arbeit bringen. Darüber hinaus »trauten sich« die Männer erstmals, deutlich ihre Wünsche nach Vereinbarkeit von Beruf und Privatleben anzusprechen« (Detmers, 2003).

Somit war der Weg gebahnt für die weitere Vertiefung, die sich unmittelbar an die Zukunftswerkstätten anschloss.

Und die Moral von der Geschicht' ...

Hole die Menschen dort ab, wo sie stehen – mit der richtigen Methode zum richtigen Zeitpunkt, darauf kommt es an!

Es steht und fällt mit den handelnden Personen!

»Besonders gefährlich ist die Verlockung, die Betroffenen einfach zu überrumpeln; sie über den Tisch zu ziehen; ihnen ein Fertigmenü zu servieren, das sie nicht bestellt haben; sie nicht an der Gestaltung der Zukunft zu beteiligen, die doch ihre eigene sein soll ...« (Doppler/Lauterburg 1996)

»Für den Erfolg einer an Chancengleichheit ausgerichteten Personalpolitik ... ist nicht entscheidend, welches ihre Auslöser oder Motive sind ... Was zählt, ist allein die Tatsache, dass die Leitung eines Unternehmens diesen Weg als zum – wirtschaftlichen – Erfolg führend erkannt hat.« (Rühl/Hoffmann 2001)

Den Weg frei gemacht – Workshop

» Chancengleichheit ist ein Gewinn für die Unternehmen. Nur die wenigsten erkennen den wirtschaftlichen Nutzen. Dies herauszustellen ist unser Ziel! «
(Petra Bollen, Leiterin der Regionalstelle Frau & Beruf)

Petra Bollen leitet seit 1995 die Regionalstelle Frau & Beruf im Frauenbüro Düsseldorf. Im Rahmen der Frauenmesse TOP 1995 wurde die Konferenz der haupt- und ehrenamtlichen Gleichstellungsbeauftragten aus Düsseldorfer Behörden und Unternehmen ins Leben gerufen, die seitdem in regelmäßigen Abständen stattfindet. Eigenes Handeln reflektieren, über den Tellerrand sehen, den Horizont erweitern, voneinander lernen, miteinander vernetzen – das ist der Nutzen aller Beteiligten.

Petra Bollen weiß um die Schwierigkeiten, denen Gleichstellungsbeauftragte in ihrer täglichen Praxis häufig begegnen.

So formulierte sie für sich die Aufgabe: »Wie schaffe ich es, die Zusammenarbeit zwischen Gleichstellungsbeauftragten und Personalverantwortlichen zu verbessern?
Die dazu passende Strategie lautete: »Mit einem gemeinsamen Workshop!«

Dieser Workshop war deshalb so wichtig, weil immer wieder zu viel Zeit und Energie damit verbracht wird, sich und die eigene Funktion zu legitimieren.

Im Jahr 2002 führte Petra Bollen eine Befragung der Personalverantwortlichen in den teilnehmenden Behörden und Betrieben der Frauenkonferenz durch.

Ziel ihrer Befragung war herauszufinden, welche Standards, Maßnahmen und Umsetzungsstrategien entwickelt wurden, um Chancengleichheit von Frauen und Männern zu verwirklichen.

Gleichzeitig wollte sie damit herausfinden, inwieweit die inhaltlichen Impulse aus der Konferenz in die beteiligten Betriebe und Behörden eingeflossen sind. Die Ergebnisse dieser Befragung sollten den Personalverantwortlichen auf einem Workshop vorgestellt werden, um darüber auch den persönlichen Kontakt herzustellen.

Das Einladungsschreiben zu diesem Workshop sollte neugierig machen und motivieren, an der Veranstaltung teilzunehmen. Bewusst wurde der Workshop auf einen halben Tag begrenzt, um die Bereitschaft zur Teilnahme zu erhöhen.

EINLADUNG UND KONZEPTION

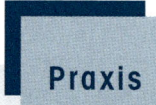

Praxis

Einladung
Chancengleichheit in der Praxis – ein Workshop

Sehr geehrter Herr ...,

endlich ist es so weit! Die Regionalstelle FRAU & BERUF kann Ihnen die Ergebnisse aus der Befragung zum Thema Chancengleichheit in Düsseldorfer Betrieben und Behörden präsentieren.

Bereits nach der ersten Durchsicht Ihrer Antworten wurde deutlich: Die Möglichkeiten, chancengleiche Personalpolitik umzusetzen, sind vielfältig und eine Investition in die Zukunft!

Diese Erkenntnis führte uns zu der Idee, Ihnen nicht nur die Ergebnisse aus dieser Befragung vorzustellen, sondern diese auch mit Ihnen und anderen Vertreterinnen und Vertretern namhafter Düsseldorfer Unternehmen im Rahmen eines Workshops zu diskutieren und weiterzuentwickeln.

Zu dieser Diskussion und Präsentation möchten wir Sie nun herzlich einladen: ...

An diesem Vormittag erhalten Sie nicht nur ein Forum, Ihre chancengleichen Erfolge darzustellen, sondern auch die Gelegenheit, vielversprechende Ansätze anderer Unternehmen kennen zu lernen.

Wir sind sicher, dieser Erfahrungsaustausch unter Fachleuten führt zu einer differenzierten Betrachtungsweise der betrieblichen Möglichkeiten bei der Umsetzung von Maßnahmen zur Chancengleichheit und eröffnet somit konkrete Perspektiven für die zukünftige Zusammenarbeit ...

Wir freuen uns, wenn Sie sich trotz Ihrer Termindichte diesen Vormittag reservieren, und versprechen Ihnen eine abwechslungsreiche und informative Veranstaltung.

Chancengleiche Personalpolitik, die ein Selbstläufer ist, lebt von Verbündeten und zielgerichtetem Handeln. Diese Erfahrungen von Gleichstellungsbeauftragten möchten wir mit einbeziehen und deshalb ist selbstverständlich auch die Gleichstellungsbeauftragte Ihres Hauses herzlich eingeladen.

Damit wir den Workshop entsprechend vorbereiten können, bitten wir Sie, den beiliegenden Vordruck für Ihre Antwort zu nutzen und uns diesen bis zum 06.06.2003 zurückzusenden.

Wir freuen uns darauf, Sie kennen zu lernen.

Mit freundlichen Grüßen
Petra Bollen

In die Konzeption des ersten gemeinsamen Workshops flossen folgende Überlegungen ein: Er sollte sensibilisieren für die Arbeit des anderen, aufzeigen, wo es Hindernisse und Barrieren in der Zusammenarbeit gibt, und konkrete Lösungsmöglichkeiten für eine Verbesserung vorstellen. Am Schluss sollte herauskommen: Warum mussten wir bis heute warten, damit uns klar wird, wie effektiv und gut wir uns ergänzen können? Und: Wir freuen uns auf die künftige Zusammenarbeit!

Der Rücklauf an Anmeldungen zeigte folgendes Verhältnis: ein Viertel Personalverantwortliche, drei Viertel Gleichstellungsbeauftragte. Aber immerhin! Der Anfang war gemacht.

Die Agenda

WANN	WAS
09.00 Uhr	Begrüßung Vorstellungsrunde
09.25 Uhr	Präsentation des Ergebnisses des Fragebogens Blitzlicht Überleitung zur Moderatorin
09.45 Uhr	Input Ablauferläuterung Aufteilung in drei Gruppen
10.05 Uhr	Rollentausch
10.20 Uhr	Präsentation
10.50 Uhr	Pause

11.00 Uhr	Wo liegen die Hindernisse/Barrieren in der Zusammenarbeit? Präsentation
11.10 Uhr	Wunschwelt: Was wünschen wir uns für die zukünftige Zusammenarbeit? Einteilung in Gruppen P und G
11.20 Uhr	Präsentation
11.40 Uhr	Umsetzung in konkrete Maßnahmen
12.20 Uhr	Präsentation
12.45 Uhr	Bilanz der Veranstaltung
13.00 Uhr	Ende

Und so sah die Rede von Petra Bollen aus:

Praxis

Guten Morgen, meine sehr geehrten Damen und Herren,

ich freue mich, Sie heute hier begrüßen zu dürfen!
Viele von Ihnen sind mir durch die langjährige Zusammenarbeit in der Konferenz der Frauenbeauftragten bekannt. Anderen begegne ich heute zum ersten Mal und für diejenigen möchte ich mich kurz vorstellen: Ich bin Petra Bollen, 41 Jahre alt, Mutter einer Tochter und leite seit sieben Jahren die Regionalstelle FRAU & BERUF der Landeshauptstadt Düsseldorf.

Als wir vor sieben Jahren die Konferenz der Frauenbeauftragten mit ca. 25 Teilnehmerinnen ins Leben gerufen haben, betraten wir Neuland mit dem Ziel vor Augen, ein tragfähiges Netz aufzubauen. Dieses Netz sollte unter anderem dazu dienen, den engagierten Frauen vor Ort bei der Durchsetzung von chancengleichen Interessen den Rücken zu stärken.

Schon nach den ersten Treffen zeichnete sich deutlich ab, dass sich die Konferenz zu einem zukunftsträchtigen Modell für eine Zusammenarbeit mit gleichstellungspolitischer Ausrichtung entwickelte.

Die heutige Mitgliederzahl von über 55 Personen werte ich als einen Beweis dafür, dass das Netz geknüpft ist.

Welche Standards zur Chancengleichheit in Ihren Betrieben und Behörden inzwischen Einzug gehalten haben, werden wir sogleich durch die Präsentation der Befragungsergebnisse erfahren.

Die heutige Zusammenkunft ist wieder eine Premiere und die Zusammensetzung, in der Sie heute unserer Einladung gefolgt sind, ist einmalig.

Dank Ihres Interesses und Engagements, vielleicht auch dank Ihrer Neugierde können wir heute einen Dialog zwischen Personalverantwortlichen und Gleichstellungsbeauftragten in Gang setzen, den ich als einen Meilenstein auf dem Weg zur Chancengleichheit in Unternehmen einschätze.

Ein Meilenstein deshalb, weil ich weiß, wie selten Runden in dieser Zusammensetzung vorkommen, und weil ich glaube, der heutige Workshop wird dazu beitragen, das Verständnis für Ihre, im betrieblichen Alltag sicherlich nicht immer ähnlichen Sichtweisen auf den Sachverhalt Chancengleichheit zu vergrößern.

Auch heute haben wir wieder ein wegweisendes Ziel vor Augen:

Mit der heutigen Veranstaltung möchten wir einen Prozess in Bewegung setzen, der die Sinne für das Thema Chancengleichheit schärft, Netzwerkfäden bis in Ihre Unternehmen spinnt, Verständnis und Aufgeschlossenheit aufbaut und an dessen Ende die Erkenntnis steht, dass chancengleiche Personalpolitik ein Gewinn für alle Beteiligten ist.

Bevor wir jedoch mit dem spannenden Dialog beginnen, haben Sie erst einmal das Anrecht zu erfahren, welche Ergebnisse wir anhand Ihrer Antworten zusammentragen konnten und welche Standards zur Chancengleichheit in Düsseldorfer Betrieben und Behörden anzutreffen sind.

Meine Kollegin hat Ihre Antworten ausgewertet und wird Ihnen die Ergebnisse vorstellen.

Nach dieser Präsentation wird unsere Moderatorin mit Ihnen gemeinsam den weiteren Verlauf dieses Vormittags gestalten.

Nun haben Sie einen Überblick darüber, was Sie heute erwartet. Darf ich Sie nun bitten, sich vorzustellen und neben Ihrem Namen auch Ihre Funktion und Ihr Unternehmen zu nennen, welches Sie vertreten.«

DIE QUINTESSENZ

Gerade der Rollentausch zu Beginn des Workshops hat sich als hervorragendes Mittel erwiesen, sich mit dem Aufgabengebiet und der Rolle des anderen auseinander zu setzen. Die anfängliche Skepsis, vor allem auf der Seite der Personalverantwortlichen, wich immer mehr der Überzeugung, wie viele Gemeinsamkeiten es in den Themen gibt und wie sehr man voneinander profitieren kann. Konstruktiv den Dialog gestalten, um gemeinsame Ziele leichter und schneller erreichen zu können – auf diesen Nenner brachten alle Beteiligten den Wunsch nach einer zukünftigen intensiveren Zusammenarbeit. Es wurden weitere Workshops und Zusammenkünfte gewünscht, um die neuen Gemeinsamkeiten stärker auszubauen. Die dabei gewünschten Themenbereiche: Darstellung des betriebswirtschaftlichen Nutzens von familienfreundlichen Maßnahmen und Methoden zur Sensibilisierung von Führungskräften zum Thema Chancengleichheit.

Und die Moral von der Geschicht' ...

Miteinander reden, sich in das Gegenüber hineinversetzen und Gemeinsamkeiten herausstellen: Das eröffnet neue Wege zum Erfolg!

»Um klar zu sehen, genügt oft ein Wechsel der Blickrichtung.«

Antoine de Saint-Exupéry

»Es liegt also oft an Ihrer Sichtweise, ob ein Sachverhalt zum Problem wird oder nicht. Bedenken Sie: Ihr Denken beeinflusst Ihr Verhalten. Ihr Verhalten beeinflusst Ihr Denken ... Betrachten Sie sich und Ihre Umwelt positiv. Denken Sie ab sofort nicht mehr problem-, sondern zielorientiert. Sie sollen nicht das Negative nicht wollen, sondern das Positive herbeiführen.« (Simon 1996)

Kapitel 3

Gewusst wie – Die Erfolgstipps für …

Veranstaltungen

»Ja einverstanden«, sagte Katrin, als ihr noch gar nicht bewusst war, auf was sie sich da eingelassen hatte. Sie war gerade als Vertreterin der Bärengruppe im Elternausschuss des Kindergartens von den anderen als die Organisatorin des nächsten Kindergartenfestes vorgeschlagen worden. »Sie haben da so ein Händchen …«

Zu Hause überschlugen sich dann die Gedanken. »Ach du lieber Gott! Warum hast du nur ja gesagt? Wenn das schief geht! Oder wenn keiner kommt! Oder wenn zu wenig Kuchen da ist! Kaffee, Tee … braucht man den wirklich? Kannen, man braucht genug Kannen, wo soll ich die denn nur herbekommen, Kaltgetränke, Wasser, Limo, Apfelsaft klar. Alkohol auch? Und die Presse? Die braucht man doch auch irgendwie …«

Und je mehr Zeit verging, umso deutlicher wurde ihr, dass sie genau zwei Möglichkeiten hatte: Entweder sie macht sich weiter verrückt und läuft Gefahr, sich zu verzetteln – oder sie geht die Dinge systematisch an. Katrin entschied sich für das Letztere, nahm ein Buch zur Hand, in dem sie eine Checkliste für Veranstaltungen fand, und begann zu lesen …

Sie wollen eine Veranstaltung organisieren und wissen nicht, wo Sie anfangen sollen. Seien Sie beruhigt: So geht es vielen!

Zunächst einmal etwas Grundsätzliches: Veranstaltungen sind all die Gelegenheiten, zu denen eingeladen wird und wozu es einen Programmablauf gibt. Das können Jubiläen, Workshops, Fachtagungen, Fachgespräche, Podiumsdiskussionen, Foren, Tag der offenen Tür, Ausstellungseröffnungen, Preisverleihungen, Geschäftseröffnungen, Stadtfeste, Pressekonferenzen, Kaffeefahrten, Talkrunden, Messen – und Kindergartenfeste sein.

So unterschiedlich die verschiedenen Veranstaltungstypen sind, so sind doch gewisse Regeln bei allen gleich.

KONZEPT

Planen Sie Ihre Veranstaltung vorher gründlich!

● Was will ich mit der Veranstaltung erreichen?

● Wen will ich mit der Veranstaltung erreichen?

● Wie viele Personen werden etwa erwartet?

Schon die Beantwortung dieser Kernfragen zeigt Ihnen den weiteren planerischen Weg. Je nach Thema, Ziel und Zielgruppe ergibt sich die Art der Veranstaltung (Gespräch in kleinerer Runde, Fachtagung mit mehreren hundert Teilnehmern, offizielle Feierstunde ...); anschließend lassen sich die notwendigen äußerlichen Rahmenbedingungen (Büroraum, Stadion, Gaststätte, Einkaufscenter, Hotel, Messehalle etc.) definieren.

> **Katrin** denkt sich: »Messehalle, das wär's ja! Was ich erreichen will? Ich will erreichen, dass sich alle gerne an das Kindergartenfest erinnern, weil es rundum gelungen war. Alles hat gestimmt, die Organisation war perfekt, alle hatten Spaß und für jeden war etwas dabei!

Wen ich erreichen will? Das ist ja klar: Alle Kinder im Kindergarten, deren Eltern, Geschwister, Großeltern, Tanten, also Verwandte aller Art, die Kindergärtnerinnen, die Presse. Den Bürgermeister? Generell Politiker? Ja klar – warum nicht? Da kommt dann auch die Presse viel eher. Ich schätze einmal, 6 Gruppen mit je 25 Kindern, dazu die Erwachsenen ..., Ehrengäste, da kommen wir bestimmt auf ungefähr 300 Personen insgesamt. Was, 300 Personen?«

Versetzen Sie sich in die Situation Ihrer Zielgruppe!

Der Köder muss dem Fisch und nicht dem Angler schmecken!

Was würde meiner Zielgruppe gut gefallen? Wohin würde sie gerne kommen? Was könnte sie ansprechen?

Katrin überlegt: »Kindern gefällt Action, sie lieben es, wenn ihre Eltern und Kindergärtner lustige Sachen machen, mit ihnen zusammen, aber auch ohne sie, Vorführungen, Verkleiden ist toll, tanzen auch, überhaupt Musik. Spiele, ganz viele Spiele, aber freiwillig, das ist wichtig. Ach ja, und was Leckeres zu essen, vielleicht könnte man gemeinsam etwas zum Essen vorbereiten, Kinder belegen ihre Pizza selbst, ach nein, Pizza ist zu kompliziert, Hamburger selbst belegen, Zutaten nach Farben sortieren, das könnte etwas sein. Oder grillen, nur nicht schon wieder Nudelsalat, Kartoffelsalat, belegte Brötchen ...«

Wählen Sie den geeigneten Ort!

Der Veranstaltungsort ist natürlich abhängig vom »Wer?« und »Was?« der Veranstaltung. Ist er groß genug? Bietet er die Möglichkeiten, die unbedingt gebraucht werden? Dazu gehört auch, dass Sie die Erreichbarkeit zum Beispiel mit öffentlichen Verkehrsmitteln bedenken. Ist der Veranstaltungsort attraktiv, bietet er ein besonderes Umfeld – zum

Beispiel mit Bezug zum Thema – und/oder ein angenehmes Arbeitsklima? Gibt es alternative Veranstaltungsorte wie beispielsweise für ein Theaterstück die Möbelabteilung eines Kaufhauses?

> **Katrin** sucht nach Ideen: »Genau so etwas habe ich doch schon einmal erlebt! Damals in Bonn. Da wurde in einem Kaufhaus eine Weihnachtsgeschichte aufgeführt, nach Ladenschluss durften wir alle in die entsprechende Abteilung, die einen saßen auf den Betten, andere holten sich Küchenstühle, Sessel, und dann kam eine Putzfrau, die um uns herum putzte. Ich dachte zunächst, sie weiß nichts von dem bevorstehenden Theaterstück, dabei war sie Teil davon. Es war nämlich eine Weihnachtsgeschichte der ganz besonderen Art. Putzfrau und Hausmeister kommen ins Gespräch und verbringen zusammen im Kaufhaus den Heiligen Abend. Da sieht man mal: Es ist schon so lange her und ich habe das immer noch nicht vergessen.
>
> Welchen Ort gäbe es denn für uns? Grillen könnte man wunderbar in der Adenhütte, da könnte drinnen und draußen einiges stattfinden. Aber der Weg dahin ist ungünstig. Reicht der Raum in der Hütte für so viele Leute? Ist da der Kindergarten nicht doch besser? Und den bekämen wir kostenlos.
>
> Apropos Kosten, wie soll das eigentlich alles finanziert werden? Muss ich hier in Vorleistung gehen? Aber da steht bestimmt gleich etwas dazu, darf ich nur nicht vergessen.«

Wählen Sie den geeigneten Zeitpunkt!

Der Zeitpunkt hängt zum einen vom Planungsaufwand ab und zum anderen von Ziel und Zielgruppe. Eine Fachmesse mit Hunderten Teilnehmern und vielen Referenten erfordert eine relativ lange Planungsphase. Ein Frauenfrühstück hingegen brauchen Sie nicht Jahre im Voraus zu planen und regelmäßig stattfindende Veranstaltungen brauchen auch nur noch wenig Aufwand.

Falls Sie bestimmte Personen unbedingt bei der Veranstaltung dabei haben wollen, müssen Sie den Termin auch mit diesen Personen abstimmen. Der Vorstandschef oder die Fernsehmoderatorin wird sich nicht nach Ihnen richten!

Katrin denkt weiter nach: »Vorstandschef und Fernsehmoderatorin, das kommt für uns doch gar nicht in Frage! Obwohl, ist nicht der Vater von Florian Geschäftsführer von unserem Baumarkt? Und eine Moderation brauchen wir auch, jemand, der durchs Programm führt, eröffnet, begrüßt. Muss ich das etwa auch machen? Ich kann doch gar nicht reden. Nein, das geht zu weit. Das mache ich nicht. Es gibt auch noch andere. Das nächste Mal sagst du Nein. Du lässt dich nicht wieder breitschlagen: › Sie haben da so ein Händchen.‹ Und ich falle da drauf auch noch rein!«

Soll es eine kurze Feierstunde am Nachmittag werden oder eine Fachausstellung über mehrere Tage? Hier sind auch die zeitlichen Möglichkeiten der potenziellen Teilnehmer (zum Beispiel Arbeitszeiten, Kinderbetreuung) zu berücksichtigen. Denken Sie auch an andere Veranstaltungen: Findet zum Beispiel ein wichtiger Wettkampf statt? Oder läuft eine populäre Veranstaltung, die viele potenzielle Teilnehmer auch gerne besuchen würden? Denken Sie an Fußballspiele, Kinderfeste, Schützenfest, aber auch an Ferien- und Urlaubszeiten etc. bei der Terminplanung. Vielleicht gibt es aber auch Veranstaltungen, die Sie als Plattform mitnutzen können. Verschaffen Sie sich einen Überblick über das, was los ist und für Sie von Interesse sein könnte. Denn so entstehen Synergien, die für alle Beteiligten von Nutzen sein können.

Katrin überlegt: »Stimmt, das hätte ich jetzt gar nicht bedacht. Es kann ja wirklich sein, dass das Fest perfekt geplant ist, alles stimmt und dann ist das Endspiel in Wimbledon oder 600 Jahre Schützenfest oder Kirmes. Das muss ich unbedingt abklären. Ich rufe am besten gleich beim Fremdenverkehrsverein an und frage nach.«

Definieren Sie Ihren Finanzrahmen!

Wenn Sie die Veranstaltung in groben Zügen durchdacht haben, stellt sich unweigerlich die Frage nach dem Geld. Wie viel Geld haben Sie zur Verfügung (Budget, Eigenmittel, Eintrittsgelder, Erlöse)? Können Sie gegebenenfalls noch Geldquellen »anzapfen« – Fördermittel, Haushaltsmittel, aus anderen Budgets oder durch Sponsoring? Was kommt an Ausgaben auf Sie zu? Das können Sie an dieser Stelle natürlich nur überschlagen. Werfen Sie dazu einen Blick in unsere Veranstaltungs-Checkliste ab Seite 69.

Überprüfen Sie den Finanzplan in Abständen. Behalten Sie die Finanzen im Blick!

Wenn Sie in etwa wissen, wie viel Sie ausgeben können, kommt alles bisher Geplante noch einmal zur Überprüfung. Passen die Vorstellungen mit dem Budget überein? Falls die Diskrepanz zu groß ist: Ändern Sie das Konzept! In den seltensten Fällen werden Sie den Finanzrahmen ändern können.

Katrin plant weiter: »Das muss ich abklären mit dem Kindergarten, da habe ich gar keine Erfahrung. Ich kann jetzt spinnen und fantasieren, mir die tollsten Sachen überlegen, was alles wunderbar ankäme, aber ich muss die Finanzen im Blick haben. Aber da kommt mir eine Idee: Wir brauchen doch ein neues Klettergerüst und der Vater von Florian könnte uns hier, wenn wir ihn besonders erwähnen, wunderbar unterstützen! Und beim letzten Stadtfest habe ich gesehen, dass unsere Pizzeria mit so einem speziellen Wagen auch vertreten war. Man muss einfach mal fragen, ob sie mit diesem Wagen auch zu uns kommen würden. Was alles möglich ist! Genau!«

DETAILPLANUNG

Das Programm

Wie soll die Veranstaltung ablaufen? Wer soll sprechen? Wer soll moderieren? Wer hilft wo bei was? Wer soll als Referent gewonnen werden? Wie soll der Tag strukturiert werden? Wo soll was aufgebaut werden? Wer soll teilnehmen/ Zielgruppe?

Sie sehen: schon wieder eine Unmenge an Fragen, Aufgaben, Planungen. Aber keine Angst: Sie haben ja schon eine Grobplanung erstellt, jetzt geht es genauso weiter, nur eben in einzelnen Schritten.

Beginnen Sie mit dem Thema: Finden Sie einen griffigen Slogan, einen Titel oder ein Motto. Machen Sie sich einen Spaß daraus, in einem Team das Motto zu entwickeln.

Die Einladung

Eine gute Einladung ist kurz, prägnant, klar. Sie beantwortet die Fragen des Adressaten, wo, wann, zu welchem Thema er/sie eingeladen ist. Sie macht deutlich, wer Absender ist und welche Schritte vom Adressaten erwartet werden.

Wie, bis wann muss ich mich anmelden? Muss ich Kosten tragen, wohin sollen diese gezahlt werden? Muss ich mich um Unterkunft, Materialien kümmern? Gibt es eine Kleiderordnung? Wer ist Veranstalter? Wie kann ich in Kontakt treten?

An wen geht die Einladung? Wer ist die Zielgruppe? Wer ist darüber hinaus wichtig für mich – unabhängig von der Veranstaltung? Wer kann Multiplikator sein für mein Anliegen? Wer muss/kann eingeladen werden?

Es ist hilfreich, sich eine entsprechende Adressdatenbank anzulegen. Möglicherweise haben Sie bereits entsprechende Verteiler, die Sie nutzen können, oder Sie stellen sich einen neuen Verteiler zusammen. Fragen Sie auch mögliche Kooperationspartner, ob Sie deren Verteiler mitnutzen können. Die Adressen sollten korrekt und aktuell sein. Achten Sie auf richtige Schreibweise der Namen, wenn möglich mit Vornamen und selbstverständlich mit richtigen Titeln und Namenszusätzen, eventuell auch Funktion. Eine solche Datenbankpflege ist aufwändig und zeitintensiv, sie lohnt sich aber auf jeden Fall!

Falls die Eingeladenen antworten sollen, erleichtern Sie es ihnen. Legen Sie ein Anmeldeformular oder ein Rückantwortschreiben bei, teilen Sie deutlich Deadlines mit und Ihre Kontaktdaten, wie man Sie erreichen kann. Heutzutage sollte auch Ihre E-Mail-Adresse enthalten sein, wenn Sie eine haben. Eine Anfahrtsskizze kann hilfreich sein, sie sollte aber nicht verwirren!

Planen Sie für die Antwort auf die Einladung ausreichend Zeitvorlauf ein und bedenken Sie, dass nur ein geringer Prozentsatz der Angeschriebenen sich meldet. Überlegen Sie auch, wie Sie die Einladung an den Mann/die Frau bringen wollen. Wie erreichen Sie alle potenziellen Teilnehmer (Plakate, Handzettel, Flugblätter, Inserate, Aushänge)?

Die Pressearbeit

Überlegen Sie, inwieweit Sie für Ihre Veranstaltung schon im Vorfeld Pressearbeit (siehe Kapitel Pressearbeit) betreiben können. Sie sollten es tun, sie ist von großer Wichtigkeit für den Erfolg Ihrer Veranstaltung!

ABLAUFORGANISATION

Machen Sie eine konkrete Bestandsaufnahme. Schauen Sie sich vor Ort um: Wie sieht der Veranstaltungsort aus? Welche Ausstattung ist vorhanden? Was an Geschirr, Gläsern, Tischen, Stühlen, Podien etc. ist vorhanden? Welchen Service vor Ort kann man nutzen (zum Beispiel Personal, Übernachtung, Bewirtung im Hotel)? Wo sind Parkplätze? Wie ist der Veranstaltungsort zu erreichen?

Dann erstellen Sie sich eine To-do-Checkliste. Die folgende Liste erhebt keinen Anspruch auf Vollständigkeit, noch gelten alle aufgeführten Punkte für jede Veranstaltung. Sie soll ein Leitfaden sein, an was man möglicherweise alles denken muss.

Tipp

Die Veranstaltungs-Checkliste von A-Z

A-Z	Was?	Wer?	Wann?	✓
A	Abfall(entsorgung) Abrechnung Absperrung An- und Abtransport Anfahrtspauschale Anfahrtsplan Anmieten von Räumen Ansprechpartner vor Ort Anstecknadeln Anzeigen Aschenbecher Auf- und Abbauzeiten Aufkleber Auflagen Ausfallregelung Ausstellung			

A-Z	Was?	Wer?	Wann?	✓
B	Bänke Bar Beamer Beleuchtung Berichte Beschallung Besen Besteck Bestuhlung Betreuung Bewachung Bewirtung Bier Blumen Bons Brandschutz Brauereibindung Briefing Budget Bühne Bühnenbau Bühnentechnik Button			
C	Catering CDs CD-ROM Chauffeur Check-in Checkliste Chef Chips Chor Choreografie Container Corporate Identity			

A-Z	Was?	Wer?	Wann?	✓
D	Deadline Dekoration Diaprojektor Digitalkamera Dokumentation Dramaturgie Drehbuch			
E	Effekte Ehrengäste Einkauf Einladungen Einlass Eintrittskarten Elektrik Entwürfe Erste Hilfe Essen Exponate			
F	Fahnen Feedback-Fragebogen Fernsehen Feuerwehr Film Finanzierung Flaschenöffner Flipchart Flugblatt Flyer Förderverein Fotos			

A-Z	Was?	Wer?	Wann?	✓
G	Gagen Garderobe Gästeliste Gastgeschenke Gastronomie GEMA Genehmigungen Geschenke/Giveaways Geschirr Gesundheitszeugnisse Gläser Grafik			
H	Handtücher Handzettel Hinweisschilder Honorare Hostessen Hotel(reservierung)			
I	Information Info-Stand Inserat Installation Interview			
J	Jetlag Jetons Jobs Jour fix Jugendschutz Jukebox Juristisches Jux			

A-Z	Was?	Wer?	Wann?	✓
K	Kamera Kapelle Kasse Kinderbetreuung Kinowerbung Konventionalstrafen Korkenzieher Kühlschrank Kühltruhe Künstler			
L	Laser(pointer) Laptop Layout Leergut Leinentaschen Leinwand Licht Lieferanten Logistik Lokalpresse Luftballons			
M	Maske Material Miete Mietmobiliar Mikrofon Mitarbeiter Moderatoren Monatspresse Motto Mülltonnen			

A-Z	Was?	Wer?	Wann?	✓
N	Nachfassaktion Nähzeug Namensschilder Nebenräume Notausgang Notdienst			
O	Öffnungszeiten Ordner Ordnungsdienst Organisationsbüro Overhead-Projektor			
P	Papier Parken Personaleinteilung Pflanzen Plakate Podium PowerPoint-Vortrag PR Preise Preisvereinbarungen Pressearbeit Presseeinladung Pressefahrt Pressegespräch Pressekonferenz Pressemappe Pressemitteilung Pressespiegel Prospekte Protokoll Putzen Putzmittel Pyrotechnik			

A-Z	Was?	Wer?	Wann?	✓
Q	Quittungen Quittungsblock			
R	Radio Rahmenprogramm Raumgestaltung Rede Rednerpult Referenten Regenschutz Regie Reinigung Requisiten Rundschreiben			
S	Saaltechnik Sanitätsdienst Sauberkeit Schankanlagen Schminkraum Schwarzes Brett Service Sicherungen Sitzgarnituren Sonnenschirme Sperrzeiten Sponsoren Sprinklerinstallation Stadtzeitungen Stellwände Stempel Stempelkissen Stifte Strom Stühle			

A-Z	Was?	Wer?	Wann?	✓
T	Tagespresse Tagungsmappen Tassen Technik, Techniker Teilnahmebestätigungen Teilnahmeliste Telefon Teller Terminierung Theater Tische Toiletten Tombola Ton Tonaufnahmen Tonträger Transparent Transport(plan) Trinken TV			
U	Übernachtungen Unterhaltung Unterlagen Unvorhergesehenes			
V	Verantwortlichkeiten Verbände Verdunklung Vereine Versicherungen Verträge (Bands, Künstler, Referenten, Hotel, Caterer ...) Vertreter Video			

A-Z	Was?	Wer?	Wann?	✓
	VIPs VIP-Lounge Visitenkarten Vorverkauf			
W	Wachdienst Waschgelegenheiten Wasser Wechselgeld Wegweiser Wein Werkzeug Wochenpresse			
X				
Y				
Z	Zapfanlagen Zäune Zeitplan Zeitungen Zelt			

Ihre Liste sollte möglichst genau sein. Beim Erstellen werden Ihnen noch viele Dinge einfallen, auch »unterwegs« wird Ihnen immer noch ein Detail einfallen: Halten Sie es schriftlich fest und haken Sie deutlich auf Ihrer Checkliste ab, was erledigt ist.

Unterteilen Sie Ihre Aufgaben nach Wichtigkeit: Die wesentlichen Dinge sowie diejenigen, die am meisten Zeitaufwand benötigen, müssen zuerst erledigt werden. Hierzu gehört beispielsweise die Anwerbung von Personal. Bei größeren Veranstaltungen werden Sie nicht umhinkommen, Personal einzusetzen. Vielleicht ist in Ihrem Hause dafür jemand verantwortlich? Oder Sie haben einen festen Stamm an Aushilfskräften? Oder Sie wenden sich an eine Agentur? Vielleicht geht es auch über Ihren Bekanntenkreis? Je nach Ihren Möglichkeiten werden Sie eine Lösung finden.

Generell gilt:

- Überlegen Sie genau, was Sie brauchen (Checkliste)!
- Stellen Sie sich Ihr Dream-Team zusammen!
- Soweit möglich, delegieren Sie!
- Holen Sie mehrere Angebote ein, Sie erhalten dadurch möglicherweise noch weitere Ideen/Alternativen. Es ist nicht immer sinnvoll, das günstigste Angebot wahrzunehmen, das heißt ein Caterer kann zwar teurer kommen als Getränkedienst und Partyservice, dafür haben Sie alles aus einer Hand!
- Setzen Sie entsprechende Deadlines, auch bei allen, an die Sie Aufgaben delegiert haben!
- Achten Sie darauf, sich alle Vereinbarungen schriftlich bestätigen zu lassen, und überprüfen Sie diese Bestätigungen!
- Sammeln Sie alle Unterlagen griffbereit!

Tipp

Hier noch einige Tipps für den »großen Tag« selbst

- Bleiben Sie gelassen. Lächeln Sie!!
- Seien Sie entsprechend gekleidet – und zwar so, dass Sie sich wohl fühlen!
- Seien Sie ansprechbar!
- Halten Sie eine Notfallliste bereit, auf der wichtige Namen, Telefonnummern etc. notiert sind (Apotheke, Taxidienst, Hausmeister, Caterer, Personalagentur, Chef ...)!
- Bei Pannen: Bleiben Sie ruhig!! Manche so genannte Panne fällt nur Ihnen auf, dann besteht auch kein Handlungsbedarf. In anderen Fällen überdenken Sie eine mögliche Alternative und organisieren diese. Falls das nicht geht: Informieren Sie Ihre Gäste ehrlich darüber. Niemand wird Ihnen den Kopf abreißen und selbst bei bester Planung kann Kommissar Zufall zuschlagen!
- Seien Sie aufmerksam und schenken Sie ruhig auch mal selbst den Sekt ein, wenn gerade Not an Mann oder Frau ist!

Genießen Sie die Veranstaltung!
Denn das strahlt auf Ihre Gäste ab.

DIE NACHBEREITUNG

Auch eine gelungene Veranstaltung sollte nachbereitet werden. Überprüfen Sie, ob die Veranstaltung Sie Ihrem Ziel näher gebracht hat.

Sammeln Sie Presseberichte, notieren Sie Eindrücke der Gäste, Ihres Teams. Überlegen Sie ehrlich: Was war prima, was können wir besser machen? Je nach Veranstaltung ist es auch sinnvoll, eine Dokumentation zu erstellen, sei es für übergeordnete Stellen, Behörden, sei es als Handout für die Teilnehmenden oder als Information für Personen, die nicht teilnehmen konnten. Bedanken Sie sich schriftlich bei Referenten, Moderatoren, Teammitgliedern und stellen Sie das besondere Engagement heraus.

Tipp

Das Wichtigste auf einen Blick

1. Konzept

- Was will ich erreichen?
- Wen will ich erreichen?
- Wie viele Personen werden in etwa kommen?

Versetzen Sie sich in die Situation Ihrer Zielgruppe:

- Wählen Sie den geeigneten Ort!
- Wählen Sie den geeigneten Zeitpunkt!
- Definieren Sie Ihren Finanzrahmen!

Behalten Sie die Finanzen im Blick.

2. Detailplanung

- Programm
- Referenten/VIPs
- Einladung/Einladungsliste
- Pressearbeit

3. Ablauforganisation
- To-do-Liste (siehe Checkliste)

4. Nachbereitung

Messeauftritt

Es war auf der Frauenmesse TOP 1997, als ich im Auftrag der Kommunalstelle Frau & Beruf unter anderem eine Podiumsdiskussion zum Thema »Telearbeit« moderierte.

Eine meiner Podiumsgäste war eine Betriebsrätin der Siemens AG. Im Publikum saß ihr Kollege, der zu diesem Zeitpunkt eine Jahrestagung in München organisierte und noch auf der Suche war nach jemandem, der eine Podiumsdiskussion zum Thema »Shareholder Value versus soziale Verantwortung« moderiert. Tage später, die TOP war schon vorbei, rief er mich an und fragte, ob ich diese Moderation übernehmen wolle. *Natürlich* sagte ich zu! Einer der Podiumsgäste war hier der Vorstandsvorsitzende der Kaufhof Warenhaus AG, Lovro Mandac. Was sich hieraus ergeben hat, wissen Sie bereits aus dem Kapitel »Die richtige Methode zum richtigen Zeitpunkt«. Im Publikum der Münchner Podiumsdiskussion saß wiederum Walther Melneck, der die nächste Jahrestagung organisierte und mich dafür engagierte ...

> »Die schönste Freude erlebst du immer dann, wenn du sie am wenigsten erwartest.«
>
> *(Antoine de Saint-Exupéry)*

All diese »Schneebälle«, die hier ins Rollen gekommen waren, hatte ich nicht erwartet, aber ich habe die Tür aufgemacht, als die Chance anklopfte. Und das wäre so niemals passiert, wenn ich nicht aktiv auf der Frauenmesse TOP 97 gewesen wäre.

MESSEN SIND IMMER EIN GEWINN!

Völlig unabhängig davon, ob Sie Besucherin einer Messe, Ausstellerin, Moderatorin oder Veranstalterin sind – es gibt keine bessere Bühne, um innerhalb kürzester Zeit fast alles gleichzeitig machen zu können: präsentieren, investieren, neugierig machen, sich ins Gespräch bringen, verkaufen, alte Kunden treffen, neue Kunden kennen lernen, vernetzen, Firmen-Image vermitteln, spionieren, Trends erkennen, neugierig sein, Kundenwünsche herausspüren, Neues entdecken ...

Jährlich finden allein in Deutschland unzählige Messen für die unterschiedlichsten Branchen statt. Manche davon haben Weltruhm und ziehen Tausende von Besucherinnen und Besuchern an, wie die IAA, die Frankfurter Buchmesse, die Funkausstellung, die CeBIT usw. Manche sind eher klein, aber trotzdem fein und heiß begehrt, weil sich hier auf engem Raum alles trifft, was in dieser Branche, zu diesem Thema, bei dieser Zielgruppe Rang und Namen hat.

Im Folgenden werden drei Rollen, die Sie bei Messen einnehmen können, intensiver beschrieben:

● die Besucherin
● die Ausstellerin
● die Veranstalterin

DIE BESUCHERIN

Sie beschließen, eine Messe zu besuchen, einfach so, just for fun. Sie kommen in die Messehalle – und sind erschlagen. Die Messehalle ist riesig, es ist laut und voll. Hier schallt Musik, dort findet eine Podiumsdiskussion statt, dazwischen Produktpräsentationen oder Video-Projektionen. Sie werden angesprochen, sich doch diesen oder jenen Stand anzusehen, und wissen gar nicht, wo Sie anfangen sollen!

Wenn Sie kein konkretes Ziel haben: Lassen Sie sich treiben und genießen Sie!

Gehen Sie von Stand zu Stand, achten Sie darauf, wie um Sie geworben wird, wie versucht wird, Ihr Interesse zu wecken, wie sich die Menschen präsentieren, wie es ihnen gelingt, dass Sie anhalten, zuhören, aktiv werden. Aber achten Sie auch darauf, womit Sie verscheucht werden, was Sie abstößt und warum das so ist.

Machen Sie sich eine Freude daraus, Menschen zu beobachten, die versuchen, mit Ausstellern ins Gespräch zu kommen: Wie wird der Kontakt hergestellt, wie ist die Körpersprache auf beiden Seiten, kommt man ins Geschäft ...?

Wenn Sie jedoch bei einer Messe ein konkretes Ziel haben: Gehen Sie geordnet vor!

Vorbereitung

Dazu gehören ganz allgemeine Informationen: Wo findet die Messe statt, wie komme ich dahin, wie sind die Öffnungszeiten, wo kann ich parken, brauche ich eine Übernachtung? Lassen Sie sich über die Messegesellschaft/die Organisatoren/Veranstalter das Programm mit Standverzeichnis kommen oder entnehmen Sie es dem Internet.

Überlegen Sie, warum Sie diese Messe besuchen wollen, definieren Sie also Ihr konkretes Ziel:

● Wollen Sie Kontakte neu knüpfen oder festigen?
● Wollen Sie sich über neueste Trends informieren?
● Wollen Sie Ihr Produkt/Konzept ... präsentieren?
● Suchen Sie Kooperationspartner?
● Suchen Sie einen neuen Arbeitsplatz?
● ...

Wenn Sie wissen, was Sie wollen, erstellen Sie dazu Ihr eigenes Messeprogramm.

**Wen will ich wann
mit welchem Ziel kontaktieren?**

Das Wie ist hierbei das A und O! Denn Sie wollen ja Ihr Ziel erreichen, einen positiven Eindruck hinterlassen, auf sich selbst neugierig
machen, sich von anderen abheben.

Beispiel Bewerbermesse: Sie haben gerade Ihr Studium abgeschlossen und sind auf der Suche nach einer Stelle. In nächster Zeit findet
eine klassische Bewerbermesse statt – also nichts wie hin! Und natürlich vorbereitet: Sie wissen, wer wann wo präsent ist und wen Sie
kontaktieren wollen. Sie haben sich die Firmen ausgesucht, die Ihnen ganz besonders gut gefallen, haben sich entsprechende Hinter-
grundinformationen zu den Unternehmen besorgt wie Größe, Struktur, Zahlen, Personen, offene Stellen, Marketingmaßnahmen. In Ihrem Handgepäck haben Sie ausreichend Lebensläufe, Praktikumsbe-
scheinigungen und für alle Fälle Ihre kompletten Bewerbungsunterlagen, die sich natürlich abheben von all den anderen durch Farbe,
Form und Inhalt.

Ein Beispiel, wie Sie neben den klassischen Standbesuchen ins Gespräch kommen können: Personalchef X ist Teilnehmer einer Podiumsdiskussion. Sie sind so früh da, dass Sie einen günstigen Platz
im vorderen Drittel haben. Sie hören aufmerksam zu, machen sich
Notizen und dann kommt der Zeitpunkt, an dem Fragen aus dem
Publikum gestellt werden können. Sie werden jetzt nicht denken,
Ihnen falle ja eh' nichts ein und Sie werden sich auch nicht hinter all
den anderen verstecken. Sondern Sie sehen Ihre Chance und ergreifen sie! Sie stehen auf und sagen beispielsweise:

- »Was raten Sie jemandem, der Betriebswirtschaft studiert hat, ein riesiges Interesse an Ihrem Unternehmen hat und es hier und heute schaffen will, ein Bewerbungsgespräch in Ihrem Hause zu vereinbaren?«

- »Welche drei Erfolgstipps können Sie mir geben, die mir helfen, bis heute Abend drei feste Vorstellungstermine vereinbart zu haben, unter anderem einen in Ihrem Haus?«

- »Was kann man Ihrer Meinung nach tun, um Personalchefs davon zu überzeugen, dass man selbst genau die richtige Person für die offene Position ist?«

- …

Praxis

Üben Sie Kontakt aufnehmen

Und jetzt sind Sie dran. Was fällt Ihnen ein? Sie können direkt, indirekt, konkret, charmant, verbindlich, unverbindlich, humorvoll, sachlich, kreativ, intuitiv, spontan, progressiv … fragen. Versuchen Sie es einfach mal – auch, wenn ein Saalmikrofon im Gang aufgebaut ist und Sie den langen Weg von Ihrem Platz bis dahin schaffen müssen – eine bessere Gelegenheit, das einmal auszuprobieren, gibt es kaum. Und übrigens:

Niemand merkt, dass Sie gerade üben!

Wie überall ist auch hier die Kleiderfrage wichtig, tragen Sie das, worin Sie sich wohl fühlen und was zu Ihrem Auftritt passt. Achten Sie auf bequemes Schuhwerk, vielleicht haben Sie auch ein zweites Paar Schuhe dabei, denn Sie laufen sich sprichwörtlich »die Füße platt« in großen Messehallen. Sinnvoll ist manchmal auch ein »Trolley«, ein Koffer auf Rädern, in dem Sie alles verstauen können: Ihre eigenen Unterlagen, aber auch das, was sich auf Ihrem Weg durch die Messehalle(n) an Material ansammelt. Machen Sie öfter einmal eine Pause, dies kann auch eine wunderbare Gelegenheit sein, mit anderen ins Gespräch zu kommen, Visitenkarten auszutauschen ... Denn – man weiß ja nie, was sich so alles entwickelt!

Halten Sie die Eindrücke, Ergebnisse schriftlich fest, sortieren Sie die Visitenkarten zu den entsprechenden Niederschriften.

DIE AUSSTELLERIN

Sie wollen sich auf dem großen Markt Messe mit Ihrem Marktstand mittendrin präsentieren. Am Anfang steht hier die wichtigste Frage: Warum mache ich das überhaupt? Was will ich erreichen?

Mögliche Ziele eines Messeauftritts sind beispielsweise: Bekanntheitsgrad des Unternehmens steigern, Präsentation des Waren-/Produktangebots und seiner Philosophie sowohl bei Kunden als auch bei Mitbewerbern, Verkauf und Verkaufsförderung, Imagegewinn, Promotion, Pflege bestehender Kontakte, Knüpfen neuer Kontakte und/oder Trends beobachten.

Vorüberlegung

Um welche Messe handelt es sich genau? Ist es eine allgemeine Messe oder eine Fachmesse? Wo findet sie statt? Wann findet sie statt? Wer ist als Besucher zu erwarten? Wer ist als Mitaussteller zu erwarten? Erreiche ich genau hier meine Zielgruppen? Wer ist verantwortlich für das Rahmenprogramm, Podiumsdiskussionen, Vorträge ...? Kann und will ich mich hier einbringen mit meinem Thema? (Was im Übrigen klug ist, denn so erreichen Sie außerhalb Ihres Standes Bekanntheitsgrad.)

Falls Sie Übernachtungsmöglichkeiten brauchen, sollten Sie sich früh darum kümmern, denn die Kontingente sind schnell erschöpft.

Wichtige Informationen zu den einzelnen Messen erhalten Sie beispielsweise im Internet. Es gibt ganze Messeportale, so zum Beispiel www.auma.de, oder nutzen Sie Suchmaschinen. Sie erhalten auch über das Messereferat des Bundesministeriums für Wirtschaft und Arbeit, www.bmwa.bund.de, Informationen. Auch die Messeorte unterhalten eigene Websites mit teils ausführlichen Informationen zu den dort stattfindenden Messen.

Für kleinere oder regionale Veranstaltungen lohnt sich die Nachfrage bei Berufs- oder Branchenverbänden, bei der IHK oder Handwerkskammer, auch die Stadtverwaltung kann eine Anlaufstelle sein.

Budget

Es versteht sich von selbst, dass auch beim Messemanagement ein Finanzierungsplan mit Finanzcontrolling notwendig ist (siehe Kapitel Veranstaltungen).

An besonderen Posten sind hier zu berücksichtigen: Standentwurf, Standbau, Standbewachung, Standreinigung, Messe-Fotograf, Kosten für Aufbau und Abbau inklusive Transport, Personal, Standpersonal, Kleidung für Standpersonal, Nachfassaktion nach der Messe, Standexponate ...

Standkonzeption und Standausstattung

Nachdem klar ist, warum Sie wohin fahren wollen und welches Budget Sie zur Verfügung haben, geht es an das Wie.

Wie wollen Sie sich präsentieren? Vielleicht ergeht es Ihnen sogar wie der Messebesucherin: Sie fühlen sich erschlagen von den Möglichkeiten und wissen gleichzeitig nicht, wie Sie aus der Masse herausragen sollen.

Beginnen wir mit allgemeinen Vorgaben: Je nach Finanzrahmen können Sie die Standkonzeption und insbesondere den Standbau einer professionellen Messebaufirma übergeben. Dies wird Ihr Nervenkostüm schonen und Sie haben mehr Zeit für andere Aufgaben. Aber nicht immer ist das machbar oder auch sinnvoll – dann können Sie das auch selbst!

Wie stellen Sie sich Ihren Stand vor? Wie groß soll der Stand sein? Sollte er geschlossene Seiten haben oder nicht? Vielleicht ist ein Reihenstand, wie ihn der Veranstalter in der Regel zur Verfügung stellt, ausreichend? Vielleicht muss es etwas Besonderes sein? Dann benötigen Sie unter Umständen einen Messebauer, der Ihnen bei der Planung und Durchführung hilft.

Vielleicht ist es möglich, den Stand gemeinsam mit anderen Firmen zu realisieren? Denken Sie dabei zum Beispiel an Partner, deren Angebot das Ihre ergänzt. Ein gemeinsamer Stand reduziert nicht nur Aufwand und Kosten für den Einzelnen, sondern kann ein Gewinn sein an Synergien und Aufmerksamkeit.

Die Gestaltung des Standes richtet sich auch nach Ihren Messezielen. Zeichnen Sie Entwürfe, in die Sie Dinge wie Bestuhlung, Empfangstheke, Aufenthaltsbereich, Verkaufsbereich etc. eintragen. Vielleicht machen Sie von den besten Ideen auch kleine Modelle. Überfrachten Sie Ihren Stand nicht: Weniger ist auch hier mehr! Bauen Sie Blickfänge, deren Botschaft in Sekunden aufgenommen wird.

Denken Sie an Licht: Nicht nur zum Arbeiten, insbesondere zum »In Szene-Setzen« ist Licht unverzichtbar.

Zeigen Sie deutlich Flagge (Beschilderungen, Firmenlogos etc.), lassen Sie erkennen, wie Sie heißen, wo die Firma ihren Sitz hat, wie man Sie kontaktieren kann.

Dinge, die leicht vergessen werden, aber sehr nützlich sind: Kugelschreiber, Bleistifte, Blöcke, Radiergummis, Spitzer, Visitenkarten, Namenskarten für Standpersonal, Büroklammern, Heftklammern, Tesafilm, Schere, Locher, Abfalleimer, Mülltüten, Aschenbecher, Streichhölzer, Nähzeug, Erste-Hilfe-Kasten, Verlängerungskabel, Hammer, Schraubendreher, Kaffeemaschine, Wasserkocher samt Milch, Zucker, Kaffee, Tee, Löffel, Wischlappen, Wassereimer, Spülmittel ...

Besondere Ideen

Das I-Tüpfelchen eines jeden Standes ist »die zündende Idee«. Es muss nicht der zweistöckige Messestand sein, um aus der Masse herauszuragen.

Es lässt sich auch aus einem 08/15-Reihenstand ein Hingucker machen, man muss nur die Idee haben.

Besuchen Sie andere Messen, auch fachfremde, und schreiben Sie die Ideen auf, die Ihnen gefallen.

Überhaupt: Wenn Ihnen eine Idee oder Darbietung auf dem Stadtfest, beim verkaufsoffenen Sonntag, auf der After-Work-Party ... gefällt, halten Sie es in Ihrem großen Ideenbuch fest.

● Erinnern Sie sich an die Christoffel-Blindenmission? Kein Papier, keine Stellwand, sondern Augenklappen wurden verteilt.

● Oder eine Organisation, die sich gegen Tellerminen stark macht, baut auf einem Platz eine Grünfläche auf, unter der »Minen« versteckt sind, die jedes Mal ein ohrenbetäubendes Geräusch von sich geben, wenn jemand draufgetreten ist.

● Oder eine andere Organisation kämpft gegen das Abholzen des tropischen Regenwaldes und lässt die Besucher mit einer Motorsäge einen Baumstamm zersägen.

Dies alles sind Beispiele, bei denen Botschaften sofort zielgerichtet transportiert werden, die ihre Aussage erfahrbar machen und auf Emotionen zielen – das sind Strategien, die wirken!

Beziehen Sie Ihr Zielpublikum mit ein und lassen Sie es aktiv werden!

Personal

Engagiertes, motiviertes, informiertes Personal ist der Garant dafür, ob Ihr Messeauftritt erfolgreich ist oder nicht (siehe Kapitel »Gekonnt präsentiert«).

Wie viele Personen sollen am Stand sein? Messetage sind lang, Sie sollten daher lieber mehr als zu wenige Leute haben, die Sie einsetzen können. Legen Sie frühzeitig fest, wer wann wo ist, und teilen das entsprechend mit.

Geben Sie Ihren Mitarbeitern Tipps, wie sie mit Besuchern ins Gespräch kommen.

Pressearbeit/Messe-Werbung

Messeauftritte sind immer gute Gelegenheiten, potenzielle Interessenten, Kunden und Journalisten darüber im Vorfeld zu informieren und sie gezielt einzuladen – vielleicht mit einem besonderen Schmankerl wie einer Einladung zur Abendveranstaltung, der Teilnahme an einem Preisausschreiben, einem Gutschein für einen freien Messeeintritt, einem Giveaway ...

Kleine, nützliche, witzige Werbegeschenke mit Bezug zum Stand und zur Firma verfehlen ihre Wirkung selten.

Je nach Budget können Sie Anzeigen schalten in den Medien.

Und denken Sie an Ihren Internetauftritt, weisen Sie auch dort auf die Messe hin.

Auf der Messe

Es gibt eine Fülle von Details, die man hier beachten sollte.

Briefen Sie Ihr Standpersonal: Weisen Sie in die Aufgaben ein, informieren Sie über Pausenzeiten, Standregeln (kein Essen und Rauchen am Stand), Kompetenzen und informieren Sie alle am Stand über die Messeziele, die wichtigsten zu erwartenden Messebesucher und Ihre Erwartungen an das Team!

Machen Sie nach jedem Messetag ein kurzes Blitzlicht: Was war heute prima, was nicht?

Führen Sie Kontaktprotokolle und heften Sie die dazugehörigen Visitenkarten daran, beziehungsweise notieren Sie Name, Funktion, Firmenadresse Ihres Gesprächspartners. Halten Sie auch Persönliches, Witziges, Originelles, Besonderes an diesem Gespräch fest für eine eventuelle Nachfassaktion.

Füllen Sie ausliegendes Informationsmaterial ständig auf, achten Sie darauf, dass Ihr Messestand sauber und gepflegt wirkt.

Vielleicht ergibt sich in Gesprächen mit Interessenten eine Resonanz auf Ihren Messeauftritt. Notieren Sie sich das!

Sehen Sie sich selbst auf der Messe um. Schließlich sind Sie auch vor Ort, um Ihre Mitbewerber zu beobachten und zu besuchen, um Stimmungen, Trends, Ideen zu sammeln. Schicken Sie auch Ihr Standpersonal zum »Spionieren«, viele Augenpaare sehen mehr als nur eines.

Nachbereitung

Fragen Sie sich und die beteiligten Mitarbeiter: Welchen Eindruck hatten Sie von der Messe? Was war gut, was kann verbessert werden? Haben wir unsere Ziele erreicht? Anhand der gefertigten Gesprächsprotokolle können Sie eine kleine Statistik erarbeiten. Wie viele Besucher kamen insgesamt? Aus welchen Branchen? In welchen Funktionen? Wie viele kamen auf gezielte Einladung? Wie viele haben besondere Aktionen besucht oder daran teilgenommen? Wie war die Resonanz auf den Stand, die Exponate, die Aktionen? Ihnen fallen bestimmt noch weitere Fragen ein, die für Ihr Messeziel wichtig sind. Eine gezielte zeitnahe Nachfassaktion hilft Ihnen, bei den (potenziellen) Kunden besser im Gedächtnis haften zu bleiben. Um hier eine persönliche Note hineinzubringen, lohnt sich der Blick auf das Gesprächsprotokoll unter der Rubrik »Besonderheiten«.

> Feiern Sie mit Ihren Mitstreitern Ihren Erfolg und genießen Sie ihn!

Denken Sie auch daran, die Presse, Ihre Mitarbeiter und Kollegen, Ihre Handelspartner etc. über die Messebeteiligung und das Fazit zu informieren. Auch Ihre Internetseite sollte hierzu aktualisiert werden.

Tipp

Das Wichtigste auf einen Blick

Zielsetzung
- Warum will ich mich auf der Messe präsentieren?

Vorüberlegung
- Informationen zur Messe einholen

Standkonzeption und Standausstattung
- Größe, Standort, Standtyp
- Beteiligung anderer Firmen? Synergieeffekte?
- Einteilung des Standes in Verkaufs-, Ruhe-, Präsentationsbereich etc.
- Lichtgestaltung, Beschilderung, Firmenlogo
- Zeichnen des Standplanes, eventuell auch Standmodell bauen
- »Die zündende Idee«: Was kann Ihren Stand besonders machen?

Budget
- Finanzierungsplan und Finanzcontrolling

Personal
- Wer wann wo wie
- Legen Sie Kompetenzen eindeutig fest!

Pressearbeit/ Messe-Werbung
- Giveaway
- Mailings, Plakate

Auf der Messe
- Briefing des Standpersonals über Ziele, die wichtigsten zu erwartenden Messebesucher, die Do's and Don'ts
- Informieren Sie alle am Stand nochmals über die Messeziele, Kontaktprotokolle

Nachbereitung
- Gesprächsprotokolle auswerten
- Statistik
- gezielte Nachfassaktion
- Information an Handelspartner, Kunden, Presse

DIE VERANSTALTERIN

Vielleicht denken Sie jetzt, das kommt für Sie doch gar nicht infrage oder das ist eine Nummer zu groß. Aber »die Nummer zu groß« kann ein Ideenlieferant für Ihre eigene Messe sein.

Zum Beispiel Meeting Metro: Im Januar 2002 wurde diese Personalmarketing-Veranstaltung speziell für Studierende und Absolventen zum ersten Mal durchgeführt. Mehr als 1500 Interessierte meldeten sich an, 400 wurden eingeladen. Das Ziel war und ist, für den Handel zu begeistern, den Konzern als attraktiven, weltweit operierenden Arbeitgeber bei der Wunschzielgruppe zu präsentieren und sich abzuheben von anderen Konzernen.

Für die dritte Auflage dieser Veranstaltung wurde auf der Homepage des Konzerns (www.metro.de) mit folgendem Text geworben:

Praxis

05. November 2003, 14.00 Uhr:
Meeting Metro – Event 2003
Ein Konzern, sechs Vertriebslinien, 235 000 Mitarbeiter, Märkte in 26 Ländern – das ist die METRO Group. Mit unserer Veranstaltung »Meeting Metro – Event 2003« wollen wir uns Ihnen gerne präsentieren und mit Ihnen ins Gespräch kommen.

Sie denken jetzt vielleicht: Das wird Stress. Vorher noch schnell zum Friseur, vom Kumpel den Schlips leihen, die Bewerbungsmappe stylen – und dann wird's doch nur einer dieser steifen Studenten-Kongresse. Entspannen Sie sich. Wir möchten diesen Tag ganz anders mit Ihnen verbringen ...

Sehen Sie, wie hier die Zielgruppe angesprochen wird und wie Sprache als Mittel zum Zweck verwendet wird? Und wie geschickt mit dieser Veranstaltung im viel zitierten »war for talents« geworben wird?

Eine eigene Messe zu organisieren, ist eine wunderbare Strategie, um viele Ziele auf einmal zu erreichen.

Vielleicht möchten Sie als Unternehmerin einen Aktionstag zum Thema »Wirtschaftsfaktor Frauen« organisieren, als Inhaberin eines Kosmetiksalons eine Beauty-Messe in Ihrer Stadt auf die Beine stellen, als Trainerin einen Weiterbildungsmarkt, als Gastronomin ein Tischlein-deck-dich-Festival, als Besitzerin eines Sportgeschäftes eine Olympiade. Oder eine Infobörse zum Thema »Ehrenamt«, einen Flohmarkt für gebrauchte Artikel rund ums Kind, eine Auktion für einen karitativen Zweck, einen Weihnachtsmarkt, Tauschbörsen ...

Sie sehen schon, es ist nicht so unwahrscheinlich, sich in der Rolle der Veranstalterin wiederzufinden. Am Anfang steht auch hier – Sie ahnen es schon – die Frage: Warum will ich das machen? Wen will ich erreichen? Und wer macht mit?

Die Organisation selbst folgt hier im Wesentlichen dem Schema der Veranstaltungsorganisation (siehe Veranstaltungs-Checkliste von A–Z). An dieser Stelle möchte ich nur auf einige Besonderheiten bei der Messeorganisation eingehen.

Der Veranstaltungsort

Machen Sie sich einen Plan vom Veranstaltungsort, in den sie die Raummaße, Fenster, Türen, Strom-, Telefonanschlüsse, andere Raumbesonderheiten eintragen. Zeichnen Sie in diesen Plan mögliche zu vergebende Standflächen ein. Dieser Plan wird ziemlich sicher nicht der tatsächliche Standplan sein, aber er erleichtert Ihnen die Standvergabe an die Aussteller.

Mögliche Aussteller

Aus Adress- und Branchenverzeichnissen, von den Handels- oder Handwerkskammern und auch aus Ihrem Datenbestand können Sie mögliche Interessenten/Aussteller/Mitwirkende ermitteln und diese anschreiben. Bei einer Beauty-Messe können dies Kosmetikstudios, Friseursalons, Hersteller entsprechender Produkte sein, aber auch Hersteller von Accessoires, Kurhäuser, Wellness-Anbieter, Dienstleister, Hotels, Ferienparks, Farbberaterinnen ... Wer fällt Ihnen noch ein?

Beschränken Sie sich nicht auf eine Richtung, versetzen Sie sich in die Lage der Besucher. Wer kann alles von Interesse sein? Sie erinnern sich: Die Messe ist ein Marktplatz, Vielfalt, die sich ergänzt, ist erwünscht!

Teilen Sie den Interessenten mit, wie hoch die Standmiete ist, welche Grund-/Normausstattung gestellt wird, wo und wie lange die Messe dauern soll und natürlich, warum sie überhaupt teilnehmen sollten! Setzen Sie deutlich eine Anmeldefrist.

Rahmenprogramm

Möglicherweise wollen Sie ein Rahmenprogramm durchführen oder eine entsprechende Plattform zur Verfügung stellen. Beziehen Sie bei der Gestaltung des Rahmenprogramms auch die potenziellen Aussteller mit ein, sie kennen bestimmt jemanden, der wiederum jemanden kennt ...

Grundsätzlich: Sie sind die Ansprechpartnerin aller Aussteller für alle möglichen Dinge, wird man Sie nach Personal, Bewirtung, Übernachtung, Standbau, Parkplätzen, Steckdosen, Verlängerungskabeln, Mietpflanzen, Telefon und tausend anderen Dingen fragen. Also: Seien Sie gut informiert, halten Sie entsprechende Kontaktadressen an Personalagenturen, Hotels, Messebaufirmen usw. bereit.

Dies gilt nicht nur für die Vorbereitungsphase, sondern auch für die Messe selbst.

Werbung

Werbung für die Messe: Gerade als Veranstalterin sollten Sie entsprechend Werbung für die Messe (und für sich) machen und selbstredend auch entsprechende Pressearbeit. Plakate, Flyer, Handzettel, Inserate, gezielte Einladungen ... Hauptsache, die Messe wird dem möglichen Interessentenkreis bekannt.

Binden Sie Prominente aus Politik, Wirtschaft, Gesellschaft ... mit ein, vielleicht als Schirmherrin, Talkgast, Sponsor ...

Nachbereitung

Holen Sie zur Manöverbesprechung noch einmal alle Beteiligten zusammen, bedanken Sie sich bei den Ausstellern, bei den Firmen, mit denen Sie gearbeitet haben, bei Unterstützern.

Und auch hier gilt: Feiern Sie Ihren Erfolg und beziehen Sie Ihre Mitstreiter mit ein, denn: »Jeder von uns hat ein unsichtbares Schild um den Hals hängen, auf dem geschrieben steht: › Ich möchte mich wichtig fühlen!‹ Vergessen Sie das nie, wenn Sie mit anderen Menschen zusammenarbeiten.« (Mary Kay Ash)

Pressearbeit

Praxis

Wolfsburg wird Golfsburg

Offener Brief des Oberbürgermeisters

»Liebe Mitbürgerinnen und Mitbürger,
... erstmals seit es den Golf gibt, wird eine neue Generation, der Golf V, in Wolfsburg präsentiert. Volkswagen erwartet zu diesem Großereignis über 1000 Journalisten aus der ganzen Welt. Diese Entscheidung von Volkswagen ist ein klares Bekenntnis zum Standort Wolfsburg und eben-

so ein Ausdruck der positiven Entwicklung unserer Stadt in den letzten Jahren.

Die Stadt will dieses Ereignis, das für Volkswagen, aber auch für die zukünftige Entwicklung unserer Stadt von großer Bedeutung ist, mit einer Marketingaktion unterstützen. Wolfsburg wird für sieben Wochen zu Golfsburg, vom 25. August bis 10. Oktober werden wir unsere Ortseingangsschilder verändern, werden allgemeine Schreiben der Stadt unter Golfsburg versandt werden. Diese Aktion findet bereits jetzt eine bundesweite Resonanz ...

Ich bitte Sie, diese Idee aufzugreifen und in Ihrem persönlichen Bereich kreativ umzusetzen und bin auf Ihre Vorschläge und Initiativen sehr gespannt. Machen Sie in Ihrem Bekanntenkreis Werbung für Golfsburg – denn das ist ebenfalls eine gute Werbung für Wolfsburg ...«

Von der *New York Times* bis hin zu kleinen Stadtzeitungen – diese Nachricht aus der Stadt Wolfsburg wurde in fast allen Medien veröffentlicht (Hörfunk, Fernsehen, Tageszeitung, Wochenzeitung, Fachpresse ...). Und warum? Weil hier auf pfiffige, öffentlichkeitswirksame Art eine Verwaltung mit einem Wirtschaftsunternehmen mit unterschiedlichen Zielen an einem großen Strang zieht!

Für Ihre Pressearbeit können Sie folgende journalistische Darstellungsformen nutzen: Pressemeldung/-ankündigung, Reportage, Porträt, Kommentar, Interview, Leserbrief, Glosse, Pressefoto, Dokumentation (Faltblatt, Handbuch, Tätigkeitsbericht ...), Pressekonferenz (Pressemappe), Pressegespräch/-seminar, Rezension, Kommentar.

Damit Sie diese Formen auch gezielt nutzen können, benötigen Sie einen Presseverteiler: Welche Presse ist für Sie relevant? Zum Beispiel Tageszeitung, Wochenzeitung, Stadtblätter, lokaler Hörfunk,

Fernsehen. Wer ist hier der richtige Ansprechpartner? Wenn Sie ein Unternehmen leiten, ist zum Beispiel die Wirtschaftsredaktion die richtige Adresse. Verschaffen Sie sich einen Überblick, welche Journalisten in welchen Ressorts für Sie wichtig sind, und übertragen Sie diese Daten in Ihren **Suchen Sie einen passenden** Presseverteiler. Statten Sie den Redaktionen ei- **Aufhänger!** nen Besuch ab und lernen Sie die Arbeit der Journalisten kennen, das erleichtert Ihnen später Ihre Arbeit. Wenn Sie zum Beispiel wissen, dass die Stadtblätter eine große Leserschaft haben und gut geschriebene Pressemeldungen gerne veröffentlichen, wären Sie dumm, wenn Sie dies nicht nutzen würden.

PRESSEMELDUNG

Eine Pressemeldung ist ein Miniartikel, mit dem Sie im Idealfall gleichzeitig Journalisten Arbeit ersparen und auf sich aufmerksam machen.

Journalisten werden keine Meldung übernehmen, die plump offensichtlich wirbt. Es muss sich also um eine aktuelle, gut verpackte Information handeln, welche die Leser/Zuhörer/Zuschauer wirklich interessiert. Journalisten erhalten täglich Hunderte von Presseinformationen und die wenigsten werden gedruckt, obwohl viele professionell gestaltet sind. Wie soll Ihr Text also inhaltlich sein, um diesem Schicksal zu entgehen?

Beispielsweise: Ihr Verein wird 50 Jahre und Sie feiern Jubiläum. Sie bringen eine Broschüre zum Thema »Mädchen, Mathe, Megabytes« heraus, schalten eine Telefon-Hotline »Rent a Omi«, bieten ein Seminar zur Mitgliederwerbung an, spenden den Erlös des Büchermarktes UNICEF, machen eine Umfrage, wer das familienfreundlichste Unternehmen in der Stadt ist, feiern einen Tag der offenen Tür mit Stargästen, schreiben einen Preis für den besten teilzeitbeschäftigten Mann aus, veranstalten einen Single-Kochkurs mit anschließender Schlemmerparty, ehren Ihre Mitglieder, machen eine Fragebogenaktion, stellen ein neues Produkt vor, eröffnen ein Geschäft, halten eine Rede, weihen neue Räume ein, präsentieren Wein an einem außergewöhnlichen Ort, veranstalten eine Podiumsdiskussion, ein Open-Hair-Festival, einen Köchemarkt, eine Infobörse, ein 24-Stunden-Benefizrennen, ein Kabarett, ein Festival …

Das Herzstück jeder Pressemeldung sind die Schlagzeile und der Leitsatz /Leitabsatz (Lead). Hier muss sofort ersichtlich sein, worum es geht.

Das Wichtigste zuerst! Alles Weitere sollte zwar natürlich auch interessant, aber im Notfall verzichtbar sein! Aufmerksamkeit können Sie beispielsweise erzielen durch Wortspiele wie Golfsburg, Leerstellen, Lehre statt Leere, BeRTLsmann, gen ethisch, Hab 8, Bürger-ver(un)sicherung, Sommerlustverkauf, Kaufregung oder auch durch Zitate, Redewendungen, geflügelte Worte und Bilder mit Aussagekraft.

Wer? Was? Wo? Wann? Wie? Warum?

Ideen liefern Ihnen die Tageszeitungen, Magazine, Fernsehspots in Hülle und Fülle.

EXKURS: PRESSEMELDUNG PER E-MAIL

Im Zeitalter elektronischer Kommunikation ist die Versuchung groß, die Pressemitteilung gleich per E-Mail zu versenden. Dabei gilt es jedoch, einige spezifische Fallen zu vermeiden. Grundsätzlich sollten Sie per Fax oder Brief versenden, per E-Mail nur, wenn es brandeilig ist oder mit der Redaktion abgeklärt ist.

● Betreff-Zeile ist Ihre Schlagzeile: also kurz, prägnant, newsträchtig, maximal 40 Zeichen
● Meldung selbst so kurz wie möglich

- Wichtig auch hier: Ansprechpartner mit vollständiger Adresse, Telefonnummer und E-Mail-Adresse.
- Auf weitere Infos als Links verweisen. Diese sollten auch funktionieren!
- Keine hoch auflösenden Bilder, Logos etc., die lange Ladezeiten erfordern.
- Verwenden Sie aktuelle E-Mail-Adressen, die auch regelmäßig nachgesehen werden. Eventuell Adresse vorher klären.
- Geben Sie im E-Mail-Kopf unter »An« oder »cc« nicht alle angeschriebenen Adressen an, zum einen aus Datenschutzgründen und zum anderen würde es beim Ausdruck Zeit, Papier und Tinte (und Nerven) kosten.

Tipp

Die Pressemeldung auf einen Blick

- Einseitig schreiben
- Lassen Sie einen breiten Rand
- Schreiben Sie Zahlen (bis 12), Abkürzungen und Datum aus
- Vor- und Zuname bei Personen mit jeweiliger Funktion
- Lesefreundliches Layout (Absätze, Zeilenabstand, Schriftgröße)
- Adresse mit Angaben über den Absender und zur Kontaktperson
- Sperrvermerk
- Schreiben Sie so präzise, konkret und aussagekräftig wie möglich
- Formulieren Sie kontroverse Aussagen lieber als direkte Zitate
- Beachten Sie Besonderheiten bei E-Mails
- Geben Sie Kontaktinformationen

Headline
- Das Wichtigste zuerst
- Nachrichtenwert
- Beantworten der wesentlichen »Ws«: Wer? Was? Wo? Wann? Wie?
- Das Wesentliche an Information in Kurzform

Die Idee: Finden Sie das Besondere an Ihrer Information und stellen das in Ihrer Meldung heraus!

PRESSEKONFERENZ

Eine Pressekonferenz ist dann ein ideales Instrument, wenn Sie Journalisten innerhalb kürzester Zeit in kompakter Form aktuelle und besondere Informationen, Hintergründe und Perspektiven vermitteln wollen. Dazu geben Sie noch die Möglichkeit, individuelle Fragen an interessante Interviewpartner zu stellen.

Ein guter Zeitpunkt für eine Pressekonferenz ist meist der Vormittag. Achten Sie auf mögliche Parallelveranstaltungen, Redaktionskonferenzen etc. Zeitlich sollte die Pressekonferenz straff geplant sein, denn: »In der Kürze liegt die Würze.«

Schicken Sie etwa vier Wochen vor dem geplanten Termin Ihrem Presseverteiler eine »Voreinladung«, die nur den Hinweis auf die geplante Pressekonferenz enthält, also Datum, Uhr, Ort, Anlass und Veranstalter. Die eigentliche Einladung erfolgt dann bis spätestens eine Woche vor dem Termin: Neben der Beantwortung der Fragen, wer wann wo wen warum einlädt, muss sie die Namen und Funktionen der Podiumsgäste enthalten. Ein vorbereitetes Antwortschreiben ist sinnvoll.

Ein bis zwei Tage vorher sollten Sie die Redaktionen, die sich nicht gemeldet haben, anrufen. So können Sie herausfinden, ob die Einladung überhaupt angekommen ist, es sich um den richtigen Redakteur handelt, warum er kein Interesse hat oder dass er interessiert ist, aber nicht erscheinen kann. Auf diese Weise gewinnen Sie wertvolle Hinweise für den eigenen Adressverteiler, über den Einladungstext, für die weitere oder zukünftige Planung von Pressekonferenzen und knüpfen möglicherweise neue Kontakte. Allerdings: Übertreiben Sie es nicht damit, Kontakt zu suchen. Sie wollen ja keinen »Die-nervt-Award« gewinnen!

Stellen Sie nichtalkoholische Getränke bereit – kleine Snacks erfreuen die Eingeladenen ebenfalls.

Legen Sie vorbereitete Listen aus, in die sich die Journalisten mit Namen und Medium eintragen. Das ist wichtig für den eigenen Verteiler, für den Pressespiegel und die Übersicht: Wer war da, wer nicht.

Rechtzeitig vor Beginn sollten Sie ein Informationsgespräch mit eventuellen Referenten/Podiumsgästen führen. Dabei sollten Sie Inhalte abklären und für alle klar festlegen, was auf jeden Fall an Information gegeben werden kann. Binden Sie nicht zu viele Personen ein. Jeder sollte einen anderen Aspekt der Nachricht abdecken.

Auf dem Podium haben alle Teilnehmer lesbare Namensschilder mit Titel und Funktion vor sich stehen. Fangen Sie pünktlich an. Warten Sie nicht auf einen wichtigen Journalisten und verlieren dadurch zehn!

Es versteht sich, dass der Moderator die Podiumsgäste vorstellt und vielleicht auch kurz in das Thema einführt. Die Podiumsgäste geben nacheinander ihre Statements ab, ehe es in die Fragerunde geht. Für die Statements gilt: kurz, sachlich, informativ, nicht kompliziert, nicht überfrachtet, nicht übertrieben.

Im Anschluss findet die Fragerunde statt. In der Regel geht es um Verständnisfragen, weitere Details, konkrete Zahlen, konkrete Maßnahmen. Verweisen Sie Fragende, die zu sehr ins Detail gehen wollen, auf ein persönliches Gespräch nach der Konferenz. Falls wenige oder keine Fragen kommen: Ziehen Sie die Veranstaltung nicht künstlich in die Länge. Es ist dann eben so!

Nachbereitung

Bedienen Sie die Medien, die bei der Pressekonferenz nicht dabei waren, zeitnah mit der aktuellen Pressemeldung, telefonieren Sie gegebenenfalls hinterher. Erstellen Sie einen Medienspiegel, durchforsten Sie die Medien nach Berichten. Bei Radio-/ Fernsehjournalisten erfragen Sie auf der Pressekonferenz einen möglichen Ausstrahlungstermin, damit Sie eine Chance zur Aufzeichnung haben.

Tipp

Die Pressekonferenz auf einen Blick

- Eine Pressekonferenz muss sich für alle lohnen
- Bester Zeitpunkt ist der Vormittag
- In der Kürze liegt die Würze
- Die Podiumsgäste sollten alle etwas zu sagen haben – aus jeweils unterschiedlichen Blickwinkeln

Eine Pressekonferenz ist eine Informationsveranstaltung!

- Voreinladung, Einladung, Nachfassen
- Anwesenheitsliste
- Pressemappe
- Fangen Sie pünktlich an
- Statements der Podiumsgäste: kurz, sachlich, informativ, nicht kompliziert, nicht überfrachtet, nicht übertrieben
- Keine Belehrungen oder »Hinweise« an Journalisten
- Fragestunde: nicht künstlich in die Länge ziehen

Nachbereitung: Dokumentation, Verteiler bearbeiten

PRESSEMAPPE

Die Pressemappe enthält neben der Pressemeldung weitere Informationen, die für Journalisten interessant sind. Dies können beispielsweise sein: Imagebroschüre, Jahresbericht, Produktbeschreibungen, Demoversionen, Pressespiegel, Visitenkarten, Fotos, Informationen über Podiumsgäste (Name, Funktion, ihre Statements) bei Pressekonferenzen. Allerdings sollte dabei kein Kompendium herauskommen!

Nicht nur inhaltlich, auch gestalterisch haben Sie bei einer Pressemappe viele Möglichkeiten: Mit Ihrem Logo gestaltete Faltmappen, Schnellhefter, Präsentationsmappen oder Klarsichthüllen sind Beispiele für eine Verpackung: Hauptsache, der Inhalt fliegt nicht lose herum.

Pressemappen können Sie gut »auf Vorrat« halten. Beim aktuellen Anlass wird nur die neue Presseinformation eingefügt – fertig. (Beispiel für eine Pressemappe siehe Kapitel »Von Anfang an große Schritte – Audit Beruf & Familie®«)

INTERVIEW

Interviews kennen Sie alle aus Zeitung, Funk und Fernsehen in verschiedensten Formen: live, mit und ohne Vorbereitung, allein oder mit mehreren, geführt im Cafe, beim Sender, im Unternehmen.

Sie kommen »in die Verlegenheit«, ein Interview zu geben? Dann erst einmal Glückwunsch! Denn das ist eine hervorragende Gelegenheit, Position zu beziehen, auf sich aufmerksam zu machen, zielgerichtete Botschaften zu verkünden. Gut, Lampenfieber werden Sie haben, insbesondere bei Fernsehinterviews. Aber seien Sie getröstet: Alle haben Lampenfieber. Daher hier einige Regeln, wie Sie auch solche Situationen leichter meistern:

Bereiten Sie sich vor: Um welches Thema geht es? Wo sollen Schwerpunkte liegen?

In der Vorbereitung auf ein Interview geben seriöse Journalisten einen Themenrahmen vor und erläutern den Zusammenhang, in dem Ihr Interview erscheint. Hier bietet sich die Möglichkeit, Fragen abzusprechen und selbst auch Fragen vorzuschlagen.

Klären Sie, wie lange das Gespräch dauern wird, um dann entsprechend die Antworten vorzubereiten. Die Antworten müssen kurz und möglichst ohne Fremdwörter sein. Überlegen Sie sich gute Beispiele, sie werden von der Presse gerne aufgenommen.

Im Interview ist es wesentlich, dass Sie genau wissen: Was will ich auf jeden Fall sagen? Welches sind meine Kernbotschaften?

- Stimmen Sie sich positiv ein! Sagen Sie sich: Ich weiß, worüber ich spreche, Pausen steigern die Aufmerksamkeit, ich habe Zeit. (mehr dazu im Kapitel »Reden«)

- Seien Sie authentisch! Versuchen Sie nicht, sich künstlich darzustellen. Versuchen Sie vielmehr, eine gute Gesprächsatmosphäre aufzubauen. Dazu gehört, dass Sie nicht auswendig Gelerntes aufsagen, sondern frei sprechen (eventuell mit Moderationskärtchen), dass Sie in kurzen, verständlichen Sätzen sprechen und kein Fachchinesisch verwenden.

- Seien Sie glaubwürdig! Wenn Sie eine Frage nicht verstehen, fragen Sie nach. Wenn Sie eine Antwort nicht kennen, sagen Sie das. Sprechen Sie von Dingen, die Sie selbst kennen, nicht von Erfahrungen aus zweiter Hand. Überschütten Sie Ihr Gegenüber nicht mit Statistiken, Zahlen, Formeln.

Zu diesen Grundregeln, die für alle Interviewsituationen gelten, gibt es noch situationsbedingte Besonderheiten bei Radio- und Fernsehinterviews:

- Wissen Sie, wer moderiert? Kennen Sie die Sendung? Welches Format hat sie, wer hört oder sieht sie? (Stellprobe, welche Kamera, kurz äußeren Rahmen klären.) Nehmen Sie die Unterlagen, auf die Sie sich beziehen möchten, mit und notieren Sie sich die wichtigsten Fakten auf Karten. Machen Sie sich mit dem Studio vertraut, aber versuchen Sie, während des Interviews Kamera und Mikrofon zu vergessen! Konzentrieren Sie sich auf Ihre Aufgabe: das Reden mit dem Interviewpartner. Sitzen Sie aufrecht. Das erleichtert die Atmung und wirkt besser.

● Führen Sie selbst Interviews! Sie möchten beispielsweise ein Kindercafé eröffnen und interviewen samstags Passanten mit Kindern in der Fußgängerzone: »Darf ich Ihnen eine Frage stellen? Wenn es ein Kindercafé in der Stadt gäbe, welche Angebote müsste es haben, damit Sie Ihr Kind dorthin bringen würden?« Die Ergebnisse fassen Sie dann in einer Pressemeldung zusammen, die Sie kurz vor der Eröffnung veröffentlichen, oder Sie geben dazu ein Interview. Sie können auch Ihre Kunden interviewen, was sie an Ihrem Unternehmen schätzen und wo sie Verbesserungspotenziale sehen.

Sie sehen – Möglichkeiten gibt es auch hier in Hülle und Fülle.

PRESSESEMINAR

Hier wird nicht nur Kontakt zu den Journalisten aufgebaut, gehalten und intensiviert, sondern Sie leisten mit einem Presseseminar einen Beitrag zur Wissensvermittlung, wecken dabei gleichzeitig Interesse an Ihrem Unternehmen, Ihrem Verein, Verband ... und bleiben im Gedächtnis haften. Journalisten erleben sich unter Gleichgesinnten ohne den permanenten Druck nach »der Nachricht«. Die Themen sollten aktuell sein und natürlich zu Ihnen selbst passen. Externe Experten, attraktive Themen und sachliche Umsetzung: Damit lässt sich aus einem erfolgreichen Event sogar eine ganze Seminarreihe entwickeln. So veranstaltet beispielsweise der AOK-Bundesverband regelmäßige Presseseminare zu aktuellen Themen der Gesundheitspolitik mit Vorträgen und Expertendiskussionen.

KOMMENTAR/LESERBRIEF

Spätestens beim Kommentar hört die Objektivität der Medien auf. Hier wird deutlich die Meinung der Redaktion, des Senders, des Kommentierenden zu einer Person, einem Thema gesagt. Als Glosse wird das Ganze dann noch bissig, ironisch, scharfzüngig.

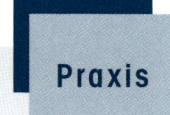

Praxis

Passende Arbeitszeit

Kommentar von Anke Vehmeier

Auch auf die Gefahr hin, dass es kein Zeitgenosse mehr hören kann: Die Frauen sind nicht schuld daran, dass die Geburten rückläufig sind. Sie sind auch nicht schuld daran, dass deutschen Unternehmen qualifizierte Facharbeiter fehlen. Die Bedingungen auf dem Arbeitsmarkt sind das Übel. Wie die Politiker bei diesem Thema die Bodenhaftung verloren haben, zeigt deren aktionistisches Vorgehen: Erst werden Inder ins Land geholt, dann gibt es Green Cards für russische Spezialisten und erst ganz zum Schluss denken die selbst ernannten Arbeitsmarktexperten an die deutschen Frauen. Sie sind ein Potenzial von unschätzbarem Wert. Wir müssen ihnen nur die richtigen Arbeitszeitmodelle anbieten, damit sie Job, Familie und Kindererziehung unter einen Hut bringen können ...
(Aus: *General-Anzeiger* vom 17.07.2003)

Der Leserbrief bietet Ihnen eine sehr gute Gelegenheit, Ihre Meinung deutlich zu sagen, Ihren Standpunkt namentlich zu vertreten, in der Öffentlichkeit zu erscheinen. Sie mögen sich fragen, was Sie damit erreichen können.

Leserbriefe werden sehr häufig gelesen. Sie stellen eine Art Verbindung zum Leser her (Sie spricht mir aus der Seele, das musste mal gesagt werden ...). Wichtig ist, dass Sie tatsächlich etwas zu sagen haben, einen klaren Standpunkt vertreten; keine bloßen Worthülsen, Anfeindungen, Verleumdungen von sich geben, aber das wird ohnehin nicht gedruckt. Je kürzer, aktueller, prägnanter Sie formulieren, umso größer ist die Chance der Veröffentlichung. Mit einem Leserbrief können Sie auch Danke sagen (für das große Engagement der ehrenamtlichen Helfer, für eine Hilfestellung), Sie können etwas oder jemanden loben, elegant auf eine Falschmeldung reagieren, eine witzige erlebte Geschichte erzählen, sich an der öffentlichen Diskussion zu Themen aus Politik, Gesellschaft, Kultur, Sport, Musik ... beteiligen. Und – Sie können üben!

ANZEIGEN

Stellenangebot

Sie haben eine Stelle zu besetzen und geben eine Anzeige zur Stellenausschreibung an die Presse. Die zu erwartende Resonanz sind dann mehr oder weniger klassische Bewerbungsunterlagen.

Dass eine Anzeige aber auch sehr viel mehr beziehungsweise Teil einer ausgeklügelten Strategie sein kann, beweist der Automobilzulieferer Brose, indem er die Anzeigenkampagne schaltete: »Senioren gesucht«. Damit traf das Unternehmen genau das richtige Thema zum richtigen Zeitpunkt mit dem richtigen Mittel und erreichte vieles gleichzeitig: Die Presse wurde darauf aufmerksam und berichtete in den verschiedensten Medien darüber. (Was kann es Schöneres für ein Unternehmen geben, wenn es überall kostenlos positiv erwähnt wird?) Die gewünschte Zielgruppe bewarb sich und konnte für das Unternehmen gewonnen werden. Diskussionen über den Wert älterer Arbeitnehmer für ein Unternehmen wurden angeregt, ein Beispiel also für eine gelungene Imagekampagne – strategisch entwickelt und umgesetzt.

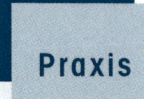

Personalarbeit: Strategen gesucht

Nur Kostensenkungsprogramme und Sozialpläne durchzuziehen reicht nicht. Die Personalabteilungen stehen vor neuen Herausforderungen.

Die Anzeige las sich wie ein Scherz. »Senioren gesucht« stand da in fetten Lettern, mit denen der bayrische Automobilzulieferer Brose neue Mitarbeiter suchte. Die sollten nicht jünger als 45 sein. Junge Topabsolventen stehen bei den Unternehmen Schlange und ein Unternehmen sucht Arbeitnehmer über 45? Klingt nach personalpolitischem Unfug. Doch was den üblichen Prinzipien der Personalauswahl scheinbar zuwiderläuft, ist das Ergebnis einer ausgeklügelten Strategie. »In unseren Analysen hatten wir festgestellt, dass die Altersstruktur in unseren Betrieben nicht mehr stimmte«, sagt Esther Loidl, Personalstrategin bei Brose. Ausgelöst durch starkes Wachstum – das 7000-Mitarbeiter-Unternehmen eröffnete allein in den vergangenen acht Jahren zehn neue Standorte – wurden die Teams vor Ort immer jünger. »Die Untersuchungen hatten aber gezeigt, dass die Arbeitsgruppen am besten abschnitten, in denen ältere und jüngere Mitarbeiter zusammenarbeiteten«, so Loidl ...
(Aus: *Wirtschaftswoche* Nr. 31/2003, Autor: Thomas Katzensteiner, entnommen der Homepage der Firma Brose, www.brose.de)

Stellengesuch

Sie wollen Interesse wecken, neugierig machen auf sich, auf das, was Sie an Qualifikation mitbringen: Wer Sie sind, was Sie bieten, welchen Nutzen Sie für Ihren Adressaten mitbringen. Sie suchen sich das entsprechende Medium aus, das Ihre Zielgruppe am weitesten fasst, und dabei kann das herauskommen, was eine Journalistin mit ihrer Anzeige auf den Punkt gebracht hat:

Praxis
Üben Sie Kontakt aufnehmen

Alles schreiben – außer gewöhnlich!
Freie Journalistin M.A. (34) bietet

- Vielfalt in allen Sinnen, bei Recherche, Planung und Layout
- Orientierung an Service und Zielgruppe
- Redaktionelle Erfahrung: 8 Jahre bei Tageszeitungen
- Themen: Tiere und Natur, Kultur (Rhein-Main), Gesundheit
- Engagement und Sprachgewandtheit, Englisch und Spanisch
- Interesse an Menschen, Meinungen und Teamarbeit
- Lesenswertes leicht verständlich, auch komplexe Inhalte
- Einstieg in Ihre Projekte ab sofort

Und freut sich darauf, SIE bei Ihrer Arbeit zu unterstützen.
Kontakt unter ...
(aus: journalist, 4/2003)

Generell gilt: Wenn Sie selbst eine Anzeige aufgeben wollen: Überlegen Sie sich im Vorfeld ganz genau: Wem will ich was sagen? Welches Medium ist für mich relevant? Und erst dann geht es an das Wie. Lassen Sie sich inspirieren von Anzeigen anderer und entwickeln Sie eine Anzeige ganz nach Ihrem Geschmack. Vielleicht kennen Sie sich selbst aus mit Grafikprogrammen oder kennen jemanden, der das kann. Und – je nach Geldbeutel: Arbeiten Sie mit Profis zusammen, Werbeagentur oder Grafiker, vielleicht handeln Sie ja einen guten Preis aus, wenn dafür auf Ihrer Anzeige auch der Name der Agentur oder des Büros steht (siehe Kapitel »Sponsoring«).

WERBEANZEIGE

Mit einer Werbeanzeige haben Sie die vielfältigsten Möglichkeiten, auf sich/Ihr Team/Ihr Geschäft/Ihr Produkt/Ihr Angebot/Ihr Ziel ... aufmerksam zu machen. Sei es, Sie eröffnen ein Geschäft, veranstalten in Ihrem Restaurant ein Köcheduell, verkaufen Bronze-Wasserspeier, Getränke, Matratzen, Bücher, Häuser, laden zum Tag des Ehrenamtes, in die Erlebniswelt, zum kostenlosen Schnupper-Kurs ein, stellen den Preisknaller der Woche vor ... oder wollen mehr Abonnenten. EMMA beispielsweise wirbt offensiv mit einer Anzeige um mehr Abonnenten. Die Aufhänger sind verschieden, gleich ist immer die Zielgruppenaussage: Abonniert EMMA, denn dadurch profitiert die Zeitschrift doppelt so viel wie bei Kiosk-Verkauf und Ihr bekommt dazu noch ein Geschenk:

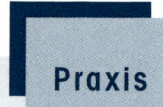

Praxis

Auch im Urlaub keine EMMA verpassen

Lieber abonnieren. Dann kommt EMMA ins Haus. Kostenlos. Und fünf Tage früher als am Kiosk. AbonnentInnen wissen schneller und mehr. Und ein Buchgeschenk kommt noch dazu. Bzw. zwei Buchgeschenke, bei Bankeinzug. Allein diese Bücher sind schon (fast) so viel wert, wie das Jahresabo kostet. Also: Ein Jahr EMMA umsonst. Sozusagen. Und die EMMA hat auch was davon! Denn via Abo nimmt EMMA doppelt so viel ein wie via Kiosk-Verkauf. Will sagen: Die AbonnentInnen sind unser Fundament. Ohne Abos keine EMMA – und das, ihr Lieben, wollt ihr doch wohl nicht?! Also: Lieber gleich abonnieren!
(Aus: *EMMA*, Nr. 4 Juli/August 2003)

KONTAKTANZEIGE

Eine sehr bekannte andere Form der Anzeige ist die Kontaktanzeige. Hier stehen diejenigen, die eine neue Bekanntschaft suchen, vor der Aufgabe, sich selbst in Worte zu fassen: wer sie sind, was sie auszeichnet, wen sie suchen, was sie erwarten. Lesen Sie einmal diese Anzeigen unter dem Gesichtspunkt, wie sich Frauen und Männer selbst beschreiben. Ein besonders schönes Beispiel ist einer Frau in Stabreimform gelungen:

Praxis

Warmherziges, widersprüchliches, würziges Weib wünscht weniger Wackelkontakte & würde wegen wahrnehmungsfähigem, witzigem, wonnigem Walzertänzer womöglich wer-weiß-was wagen. Wohlan! Warum warten? (Schaller 2001)

BILDER

Bilder sagen mehr als 1000 Worte. Bilder auf Plakaten, in Zeitungen, Zeitschriften sind ein Blickfang und – wenn sie gut sind – konzentrieren die wesentliche Botschaft auf einige Sekunden, sie rütteln auf, machen neugierig, lassen uns schmunzeln, innehalten, nachdenken und prägen sich damit in unser Bewusstsein ein.

Erinnern Sie sich an die riesigen Plakate an den Autobahnen?

Hier können zwangsläufig keine Bilder verwendet werden, die einen lange in den Bann ziehen. Zum Beispiel der Mann, der Auto fährt und gleichzeitig mit dem Handy telefoniert, raucht und trinkt und uns Vorbeifahrende auch noch anschaut. Mit einem Bild werden wir in Sekundenschnelle erzogen.

Oder wenn mehrere Bürgermeister gemeinsam in einem Schwimmbad bis zum Hals im Wasser stehen oder verkleidet als Bettler in Berlin demonstrieren, sind das Motive für die Presse, die gerne aufgegriffen werden.

Überlegen Sie, welche Bilder für Ihren Zweck gut geeignet sind. Sei es ein Bild von Ihnen, von Ihrem Produkt, Geschäft oder von Ihrer Aktion.

Achten Sie einmal darauf, wenn Sie ein Stadtfest oder eine Informationsbörse oder eine Messe besuchen, welches Bild Sie in die Zeitung setzen würden, und überprüfen Sie dann am nächsten Tag, ob Sie mit den Fotografen gleicher Meinung waren.

Tipp

Kaufen Sie sich einmal an einem Tag verschiedene Zeitungen, Zeitschriften und achten nur darauf, wie Pressemeldungen, Leserbriefe, Kommentare aufgebaut und geschrieben sind, ob Botschaften schnell klar werden, welche Strategie dahinter steckt. Schauen Sie sich Talkshows an, wer wie welche Botschaften verkündet mit welchem Ziel.

Achten Sie verstärkt auf Bilder, nehmen Sie die Plakate in der Stadt bewusster wahr: auf den Plakatwänden, an Litfasssäulen, Hauswänden, in der (U-)Bahn, schauen Sie Werbesendungen an und lassen das alles auf sich wirken und fragen sich: Was gefällt mir gut, was stößt mich ab, was hat mich fröhlich gemacht, was traurig, welche Botschaften sind hängen geblieben?

Sie werden erstaunt sein, was Sie plötzlich alles wahrnehmen, was Ihnen sonst so nie aufgefallen wäre.

DIE MACHT DER PRESSE

Liebe Leserin, schon allein der Umfang dieses Kapitels macht deutlich, wie vielfältig und spannend Pressearbeit sein kann und wie Sie sie für Ihre Ziele nutzen können.

Presse hat Macht. Einige sprechen sogar davon, sie sei die vierte Macht im Staat. Sie kann informieren, mobilisieren, hochjubeln, Partei ergreifen, aufdecken und vieles in Bewegung setzen – Positives und Negatives.

Ein positives Beispiel: Die Korrespondentin Susanne Güsten aus der Türkei schrieb über die Geschichte der unverheirateten Semse Allak, die vergewaltigt worden war und ein Kind erwartete. Um ihr Leben zu retten, heiratete sie den Vergewaltiger. Da sie nach Ansicht ihrer Familie dennoch die Familienehre beschmutzt hatte, wurde sie von ihren eigenen Brüdern zu Tode gesteinigt! Doch etwas Unerhörtes geschah: Die Frauen wehrten sich. Das einzige Frauenzentrum Südostanatoliens schaltete sich ein, machte den Fall publik. »Semse ist nicht mehr allein«, verkündeten die Frauen als Slogan (General-Anzeiger vom 24. Juni 2003). Die Beerdigung wurde zu einer Demonstration und öffentlichen Angelegenheit.

So wird Öffentlichkeit geschaffen, auf Missstände aufmerksam gemacht, das Schweigen gebrochen und zur Handlung aufgerufen! Und die Presse ist das Mittel dazu.

Auch negative Beispiele kennen Sie, wie Presse Menschen in extrem unangenehme Situationen bringen kann. Darauf möchte ich hier nicht weiter eingehen. Mein Ziel ist, Sie für die Vielfalt und die Bedeutung von seriöser Pressearbeit zu sensibilisieren.

Nutzen Sie die Presse, um Ihre Botschaften an Ihre Zielgruppen zu richten. Wählen Sie aus dem bunten Spektrum an Möglichkeiten die für Sie, für Ihre Aktion/Initiative passende journalistische Darstellungsform.

Denn es ist ein schönes Gefühl, wenn jemand zu Ihnen sagt: »Das habe ich in der Zeitung gelesen, das ist ja prima, was Sie da tun!« Oder das Telefon steht nicht mehr still, weil ein Bericht über Ihr Beratungsangebot veröffentlicht wurde. Oder Sie bekommen mehr Mitglieder für Ihren Verein/Verband ..., weil ein Interview mit Ihnen im Radio kam!

Kapitel 4

Und noch mehr Erfolgstipps

Sponsoring

Praxis

SWR3 Eiszeit: Abkühlung für SWR3-Land

Ein Lastwagen voll mit Eis, Route und Zielort unbekannt. Außerdem an Bord: das SWR3-Team auf der Suche nach den heißesten Städten in SWR3-Land. Dort wird das SWR3-Eiszeit-Team einen Zwischenstopp einlegen und für eine halbe Stunde Eis von Nestlé/Schöller an euch verteilen – natürlich kostenlos und an jeden, der vor Ort ist!

Wie du an das Eis rankommst? Einfach die SWR3-Morningshow (täglich von 6 bis 9 Uhr) einschalten: Da entscheidet das SWR3-Wetter-Team, ob die Temperaturen eis-tauglich werden, und gibt dann den Startschuss für den SWR3-Eiszeit-Laster. Wie gesagt, wohin die Fahrt geht, ist geheim ... aber an Bord des SWR3-Eiszeit-Lasters sitzen SWR3-Reporter, die regelmäßig bei SWR3 anrufen und euch den ganzen Tag Tipps geben, in welche Richtung sie gerade fahren oder wie lange sie noch bis zum nächsten Zielort brauchen ...« (Homepage des Senders SWR3).

Eis von Nestlé/Schöller! Für diesen Satz stellt das Unternehmen einen Eiswagen zur Verfügung, aus dem über die SWR3-Moderatoren im Land kostenlos Eis verteilt wird.

Sponsoring bedeutet Förderung von Personen, Gruppen, Organisationen, Sozialeinrichtungen durch Unternehmen in Form von Geld, Sachmitteln oder Dienstleistungen. Der Sponsor erbringt eine Leistung und erhält vom Gesponserten eine Gegenleistung in Form von Werbung.

Sponsoring tritt insbesondere in den Bereichen Sport-, Kultur-, Sozial- und Programmsponsoring auf. Aus der Sicht des Sponsors ist es ein weiteres, sehr wirksames Mittel der Unternehmenskommunikation, mit dem sich Bekanntheit, Markenimage und Umsatz fördern lassen.

Sponsoring ist ein Prinzip von Leistung und Gegenleistung zu beiderseitigem Vorteil!

Wenn Sie einmal bewusst darüber nachdenken, fallen Ihnen sicherlich einige Sponsoringaktionen ein. Kaum ein Fußballteam spielt ohne Sponsorenlogo auf dem T-Shirt, kaum ein Kulturfestival findet ohne zahlreiche namhafte Förderer statt:

● Team Deutsche Telekom: Radrennsport und insbesondere die Tour de France sind zu großen Ereignissen geworden, und jeder kennt das Team in den Telekom-Farben.

● Große Sportereignisse im Fernsehen werden mittlerweile fast immer von einem Sponsor »gerahmt« und begleitet, seien es die Formel-1-Rennen, Fußballweltmeisterschaften oder Olympia. Sport ist ein sehr dankbares Feld für Sponsoring.

● Sicherlich haben Sie selbst schon UNICEF-Weihnachtskarten erhalten oder gar selbst versandt. Sie sind nämlich nicht nur schön, sondern dienen auch noch einem guten Zweck. Für die, die sie verschicken, ein schönes Gefühl, und für die, die sie erhalten, ebenfalls.

- Barbie trägt Armani: Der Designer hat die berühmte Barbie-Puppe eingekleidet und auf seine Gage verzichtet. Mattel bringt eine exklusive, limitierte Serie der Puppe auf den Markt.

- Kultursponsoring: »Wir sehen uns in Salzburg«
Die Festspiele sind ein Pflichttermin für Manager: Musik, Tafelfreuden und Alpen zugleich. Das fördert auch das Geschäft ... Freilich gibt es auch für die Manager ein Sehen und Gesehenwerden eigener Art. Festspiele sind nicht allein gesellschaftliche Stelldicheins. Sie werden auch geschäftlich genutzt, um ohne größeres Aufsehen Beziehungen zu pflegen, Kontakte zu knüpfen oder in entspannter Atmosphäre gemeinsame Probleme zu erörtern. Für die Sponsoren kann das allein nicht ausreichen. Sie brauchen breite Kundenschichten, also jedermann. So hat Nestlé in Salzburg ein preiswertes Jugend-Abo aufgelegt und Siemens präsentiert auf dem Residenzplatz zusammen mit dem ORF Salzburg Festspielnächte mit Übertragungen auf Großleinwand nach dem Motto: »Die Kunst bringt allen etwas ...« (FAZ vom 3.8.2003)

- Social Sponsoring: Prof. Ulrike Detmers ist eine Frau, die als Professorin, Unternehmerin (Mestemacher Vollkornbäckerei), Autorin, Vortragsrednerin, Mitglied in Kommissionen, Kuratorien und Verbänden auf den unterschiedlichsten Bühnen die Rolle der Frau in der Gesellschaft und die damit verbundene Zukunft der Wirtschaft immer wieder zum Thema macht. Auf ihre Initiative hin wird einmal jährlich der Mestemacher Preis »Managerin des Jahres« und der Mestemacher Kita-Preis vergeben.

Wie können Sie Sponsoring nutzen?

SIE LASSEN EIGENE PROJEKTE/INITIATIVEN/ AKTIONEN/IDEEN SPONSERN

Überlegen Sie, welche Zielsetzung und welche Zielgruppen Sie mit Ihrem Projekt erreichen wollen. Für welche Unternehmer, welche Organisationen kann dies ebenfalls von Interesse sein?

Wenn Sie potenzielle Sponsoren ins Auge gefasst haben, überlegen Sie sich genau, welchen Nutzen Sie ihnen anbieten können. Das kann zum Beispiel die Erwähnung des Unternehmens auf Eintrittskarten, Flyern, Plakaten oder auf Ihrer Homepage sein. Sie bieten kostenlosen Raum für Werbeanzeigen, eigene Firmenauftritte des Sponsors oder Sie bieten die kostenlose Teilnahme an Ihrer Veranstaltung. Benennen Sie den Nutzen für den Sponsor deutlich. Er wird kein Geld oder eine sonstige Leistung zur Verfügung stellen, wenn er keine Möglichkeit sieht, seine Unternehmensziele zu kommunizieren!

SIE TRETEN SELBST ALS SPONSORIN AUF

Vermutlich ist Ihnen die Vorstellung, von jemandem gesponsert zu werden, geläufiger als diese Variante. Denn gerade Frauen neigen dazu, sich zu fragen, was sie überhaupt anbieten könnten. Es geht hier nicht immer um Geldspenden, auch Sach- oder Dienstleistungen können Sie anbieten. Hier gilt genau wie weiter oben: Wer ist die Zielgruppe? Wen könnten Sie mit einem Sponsoring ungezwungen erreichen? Welche Plattform kann man Ihnen im Gegenzug anbieten?

Stellen Sie das Besondere heraus, den Nutzen für den Gesponserten und formulieren Sie diesen Gewinn.

Mit Sponsoring schaffen Sie eine Gelegenheit, in die Presse zu kommen, was wiederum für beide Partner von großem Interesse ist. Sie sehen also: Sponsoring ist eine klassische Win-Win-Situation.

Flyer / Broschüren

Überprüfen Sie einmal selbst Flyer (Faltblätter) und Broschüren, die Ihnen entweder ins Haus geschickt werden oder die Sie überall an öffentlichen Plätzen ausgelegt finden.

Untersuchen Sie sie kritisch unter den Gesichtspunkten:

● Wie sind sie aufgemacht?
● Weiß ich sofort, um was es geht?
● Spricht mich die Form an?
● Passt sie zum Thema?
● Stimmen Grafik und Text überein?
● Behalte ich sie oder werfe sie gleich in den Papierkorb?

Was sollten Sie wissen, ehe Sie sich an die eigene Imagebroschüre begeben?

Eine Imagebroschüre ist ein wichtiger Bestandteil Ihrer Kommunikation mit den Zielgruppen. Mit einer Imagebroschüre können Sie Informationen über sich geben, über das, was Sie machen, über das, was Sie anbieten. Sie können sensibilisieren, polarisieren, Identifikation erzeugen, motivieren, direkt ansprechen, neugierig machen, wachrütteln, nachdenklich stimmen, überzeugen, Themen benennen, Forderungen stellen. Wie heißt Ihre Botschaft? Wen wollen Sie damit erreichen?

Ziel, Zweck und Zielgruppe fest im Blick gehen Sie dann an die Konzeption heran. Lassen Sie sich dabei ruhig auch von den Beispielen aus Ihrem Briefkasten inspirieren.

Sicherlich ist es dann auch eine Frage des Geldes, ob Sie auf Hochglanz-Papier und im Vierfarbdruck oder auf preiswertem Papier und einfarbig drucken lassen. Aber nicht immer sind die teureren Exemplare auch die besseren. Es lässt sich auch mit einfacheren Mitteln ein ansprechendes Produkt entwickeln. Besuchen Sie doch einfach einmal eine größere Druckerei in Ihrer Nähe, die Ihnen die Vielfalt der Möglichkeiten gerne vorstellen wird.

Wichtig ist auch hier die »zündende Idee«, vielleicht indem Sie eine besondere Form für Ihren Flyer finden, einen Wettbewerb zur Gestaltung ausrufen? Einige »Kleinigkeiten« müssen bei der Gestaltung noch berücksichtigt werden: ein guter, plakativer Slogan/Aufmacher – mit aktuellem Bezug zum Thema und dennoch zeitlos; eine präzise, knappe und allgemein verständliche Sprache, lesefreundliche Grafik und ein Format, das nicht aufwändig und teuer zu verschicken ist. Kosten können Sie nicht zuletzt auch durch Sponsoring senken.

Ein gelungenes Beispiel hat sich das Unternehmen Creaktiv-Design Oliverio einfallen lassen. Es stellte mehrere Geschäftsfrauen aus Altenkirchen in Kurzporträts in einem Faltblatt vor. Im Format DIN lang (gut für den Versand) entfalteten sich auf Vorder- und Rückseite in einheitlichem Rahmen (in des Wortes wahrer Bedeutung) die Frauenunternehmen im Farbdruck. Gleich 10 Frauenunternehmen konnten sich so auf einen Streich vorstellen, was kostensenkend wirkte, gleichzeitig wurden weitere Zielgruppen und mögliche Multiplikatoren angesprochen.

So kann eine Broschüre gelingen, die gelesen statt gelagert wird. Vergessen Sie übrigens die Pressekonferenz nicht, auf der Sie dann die neue Broschüre vorstellen, getreu dem alten Motto: »Tue Gutes und rede darüber!«

Eine besondere Form der »Broschüre« ist gewissermaßen die Homepage, auf die ich später genauer eingehe.

Reden

Praxis

»Sehr geehrter Herr Vorsitzender,

sehr geehrte Damen und Herren Abgeordnete,

bei den Jacanas, einer Vogelart im Okavango-Delta in Afrika ist die Emanzipation am weitesten fortgeschritten. Dort brüten die Männchen die Eier aus, während sich die Weibchen nach neuen Partnern umsehen. Ich bin mir nicht sicher, ob das für unsere Gesellschaft das erstrebenswerte Ziel ist, aber eines weiß ich genau: Das Ziel der Gleichberechtigung haben wir erreicht, wenn auch die Männer wirklich gleichberechtigt sind ... und das soll, wie man errechnet hat, im Jahre 2300 der Fall sein ...«, so begann Marion Urban ihre Rede zum Thema Gleichstellung und hatte mit diesem Einstieg gleich zu Beginn die volle Aufmerksamkeit.

Eine Rede schreiben und dann auch noch halten! Ach du liebe Güte, denkt da vielleicht die eine oder andere unter Ihnen. Was sage ich nur? Und wie sage ich es? Und wenn mir niemand zuhört? Oder wenn ich etwas vergesse! Oder den Faden verliere.

Nicht wenige machen sich bei dieser Aussicht ganz klein und werden unsicher, durchaus auch so genannte »gestandene« Frauen.

WIE HALTE ICH EINE GUTE REDE?

An dieser Stelle will ich Ihnen nicht ausführlich darlegen, wie man eine Rede strukturiert oder wie man sie hält. Es gibt umfangreiche und gute Rhetorik-Literatur, die Sie zur Hand nehmen sollten, wenn Sie in eine Redesituation kommen. An dieser Stelle nur einige grundsätzliche Überlegungen:

- Warum spreche ich hier? Was will ich erreichen?
- Wer ist mein Publikum, welche Erwartungen hat es?
- In welchem Rahmen spreche ich?
- Welches ist meine Kernbotschaft?
- Bilden Sie kurze klare Sätze.
- Formulieren Sie positiv und aktiv.
- Arbeiten Sie mit Bildern und Geschichten.
- Reden Sie mit den Leuten und nicht zu ihnen.
- Auch wenn es natürlich um den Inhalt Ihrer Rede geht, wird die Wirkung, die Sie erzielen, auch von Ihrer Stimme, Ihrer Körperhaltung, Ihrem Auftreten, Ihrem Erscheinungsbild abhängen.

Lebendige Reden sind das, worauf ich hier den Schwerpunkt legen möchte. Sie haben mit Sicherheit schon die eine oder andere Rede gehört. Und welche davon ist Ihnen im Gedächtnis geblieben? Sicherlich die, bei der Sie sich abgeholt, unterhalten, gut informiert, eingebunden, gefesselt fühlten – und das von Anfang an.

Geschichten, Bilder, Zitate, witzige Episoden, eigene Erlebnisse, vielleicht auch ein mitgebrachter Gegenstand: Das können Mittel sein, mit denen Sie die Zuhörer fesseln und für sich gewinnen können. Und – überraschen Sie!

Auf dem Kongress »Die Zukunftsmacher« in Leipzig, der sich an Führungskräfte aus Hotellerie, Gastronomie und Zulieferindustrie richtete, moderierte ich einen Workshop zum Thema Work-Life-Balance. Damit sich die Teilnehmer einen Überblick verschaffen konnten über die Inhalte der verschiedenen Workshops, hatten alle Referenten die Gelegenheit, im Vorfeld im großen Plenum Werbung für den eigenen Workshop zu machen.

Ich bat zum Beispiel alle, sich von ihren Plätzen zu erheben und die Arme waagerecht auszubreiten. Dann sagte ich: »Wenn Sie Ihre

Arme jetzt so halten, dass es wie eine Waage aussieht, die im Gleichgewicht ist, heißt das, Ihr Leben ist in einer guten Balance zwischen
Ihrem Berufs- und Privatleben. Wenn Sie aber das Gefühl haben, es
ist nicht im Gleichgewicht, so verändern Sie
Ihre Arme – entweder so oder so oder so ... Und   **Baue eine Brücke zu deinem**
wenn Sie Ihre Position haben, bitte verharren   **Publikum und beziehe es**
Sie in dieser Stellung und schauen sich kurz   **aktiv mit ein!**
um, wie die anderen hier im Saal stehen.«

Sie können sich denken, wie die meisten ihre Arme hielten. Und
ich beendete diese kurze Sequenz mit den Worten: »Sie sehen, hier
ist Handlungsbedarf und genau deshalb biete ich diesen Workshop
an. Hier erfahren Sie, was Sie tun können, um Ihre eigene Balance
wieder zu finden.«

Diesen Moment hatte ich geplant und ich freute mich richtig darauf, auf die Bühne zu kommen, mit dem Publikum zu arbeiten und
meine Botschaften anzubringen.

Ein anderer Referent kam mit einer Gitarre auf die Bühne, wieder
andere entzündeten ein Streichholz mit den Worten: »Fehlt Ihnen
auch manchmal die zündende Idee?« Sie sehen, Einfälle gibt es genug
und die haben nicht nur die anderen. Sie können das auch!

In meinen Workshops mit Gleichstellungsbeauftragten aus Unternehmen stelle ich immer wieder gerne die Aufgabe: Sie haben auf einer Betriebs- oder Personalversammlung die Chance, über Ihre
Funktion zu sprechen. Wie nutzen Sie diesen Auftritt? Dazu ein besonders schönes Beispiel:

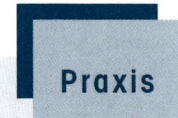

Lebendig über die eigene Funktion reden

»Meine sehr geehrten Herren, wer von Ihnen hat Führungsverantwortung? Darf ich Sie bitten, kurz aufzustehen? Vielen Dank! Sie können sich wieder setzen. Und nun zu Ihnen, meine Damen, wer von Ihnen hat Führungsverantwortung? Darf ich Sie bitten aufzustehen? Meine Damen und Herren, Sie sehen hier bereits einen Bereich, in dem ich tätig sein werde. Denn dieses Verhältnis soll sich ändern ...«

Das ist genau das, was ich unter lebendigem Reden verstehe. Sie schaffen ein Aha-Erlebnis, sie rütteln auf, stimmen nachdenklich und überraschen. Apropos überraschen: Gemeinsam mit einem Kollegen moderierte ich für die Kaufhof Warenhaus AG eine Firmenleitungstagung (Open-Space) im Plenarsaal in Bonn. Am zweiten Tag stand eine Rede von Herrn Dr. Körber, Sprecher des Vorstandes der Metro Group auf dem Programm. Dieser erwähnte in einem Nebensatz die Bedeutung von Frauen in Führungspositionen für den Gewinn eines Unternehmens. Nachem die Rede beendet war, übernahm ich das Mikrofon und sagte: »Vielen Dank, Herr Dr. Körber. Als Moteratorin darf ich ja jetzt nicht sagen, dass mir Ihre Ausführungen zu den Frauen in Führungspositionen ganz besonders gut gefallen haben, und deshalb sage ich das jetzt auch nicht.« Ich hatte damit nicht nur erreicht, an ein Thema anzuknüpfen, das wir kurz vorher bei Kaufhof unter anderem in Form von Zukunftswerkstätten bearbeitet hatten (siehe Kapitel »Die richtige Methode zum richtigen Zeitpunkt«), sondern gleichzeitig auch einen Anknüpfungspunkt geschaffen für spätere Aktionen.

LAMPENFIEBER – UND WAS NUN?

Auch die beste Vorbereitung hilft nur bedingt gegen Lampenfieber. Daher abschließend noch eine kleine Hilfestellung für den großen oder kleinen Auftritt:

Tipp   **Ein bewährtes Mittel gegen Lampenfieber**

»Das beste Mittel gegen Redeangst und der beste Weg, sein eigenes Lampenfieber zu nutzen: Freuen Sie sich auf Ihren Auftritt. Lieben Sie Ihr Publikum und begegnen Sie ihm mit einem Sympathievorschuss. Diesen Vorschuss werden Sie mit Zins und Zinseszins zurückbekommen.« (Wieke 2002)

Auch wenn Sie es nicht glauben mögen, es funktioniert!

Dorothy Sarnoff beschreibt in ihrem Buch das so genannte Sarnoff-Mantra, das Sie immer dann anwenden können, wenn Sie kurz vor einer für Sie aufregenden Situation stehen (Sarnoff 1992). Vier Sätze umfasst dieses Mantra, das Sie sich immer in gleicher Reihenfolge aufsagen können als positive Einstimmung für Ihren Auftritt:

»Ich freue mich, dass ich hier bin!
Ich freue mich, dass Sie hier sind!
Ich weiß, wovon ich rede!
Ich bin ganz für Sie da!«

GEKONNT KONTERN

Gerade bei Reden und Vorträgen können Sie in die missliche Situation geraten, dass jemand stört, dazwischenredet, provoziert, vielleicht auch aggressiv wird. Sich dann nicht verunsichern zu lassen mag leichter gesagt sein als getan. Mit dem Wissen um wirksame Kontertechniken können Sie solche Situationen aber leichter in den Griff bekommen!

Oft macht es Sinn, gleich zu Beginn Ihres Vortrags/Ihrer Präsentation darauf zu verweisen, dass Sie nach Beendigung gerne Fragen beantworten. Falls dennoch jemand stört, können Sie kurz inhaltlich darauf eingehen oder auf das Ende Ihrer Rede verweisen oder den Einwand ignorieren. Wichtig ist nur: Lassen Sie sich nicht das Heft aus der Hand nehmen.

Unangenehme Zeitgenossen können Sie auch wunderbar mit einem überraschenden Kompliment auskontern: »Toll, wie Sie die Worte aneinander reihen können« oder: »Ich mag Ihre Witze« oder: »Sie sind ein wunderbarer Gesprächspartner. Bleiben Sie so!« (Berckhan 1995)

Überhaupt sind Humor und Selbstironie gute Mittel, unliebsame Streiter in ihre Schranken zu weisen.

Es mag auch Situationen geben, in denen Sie schier sprachlos sind und Ihr Gegenüber unsachlich oder polemisch ist und Sie persönlich attackiert. Glauben Sie mir, das haben wir alle schon erlebt! Vier wirksame Strategien möchte ich Ihnen hier zum Ausprobieren ans Herz legen:

1. Verschaffen Sie sich erst einmal Luft und Zeit, indem Sie sagen: »Jetzt werde ich dazu nichts sagen. Aber ich werde zu einem späteren Zeitpunkt darauf zurückkommen.« Am besten sprechen Sie diesen Satz leise, langsam und sehr betont.
2. Verwenden Sie den Loriot-Kniff und sagen ganz schlicht: »Ach was!«
3. Wiederholen Sie das, was jemand gerade zu Ihnen gesagt hat: »Du sagtest gerade ..., warum sagst du mir das?«
4. Sie schauen höchst interessiert das Gegenüber an und sagen – nichts! Sie schauen nur und das sehr intensiv!

Diese kleine Auswahl an Techniken greift nicht nur bei der »klassischen« Rede, sondern ebenso gut bei der Teambesprechung, bei der Projektpräsentation, bei einem privaten Gespräch ...

Mailing

Unter »Mailing« versteht man Werbe- und Informationsbriefe. Zunächst ließen sie die Briefkästen überquellen, in letzter Zeit verlagert es sich zunehmend auf elektronische Briefkästen. Nichtsdestotrotz sind Mailings ein probates und gutes Mittel, auf sich und sein Anliegen aufmerksam zu machen. Allerdings gilt auch hier das Credo: Es muss gut gemacht sein, sprich Interesse wecken. Schauen Sie noch einmal nach unter Pressemitteilung, Einladung, Flyer in den vorangegangenen Kapiteln, denn auch für das Mailing gelten die gleichen Prinzipien.

Auch hier hat nicht unbedingt der aufwändige Brief im Vierfarbdruck den größten Erfolg. Ein gelungenes Beispiel ist das Mailing der Buchhändlerin Rosemarie Fenser nach Einführung der Rechtschreibreform. Die Inhaberin warb für den neuen Duden damit, dass sie Worte nach neuer Rechtschreibung in Rot druckte: »... falls Sie ein **Ass** in der Rechtschreibung sind und den **Beschluss** zur Veränderung für **gräulich** oder **belämmert** halten und missbilligen, **dass** nun der **Albtraum** wahr wird: Es führt kein Weg daran vorbei ...«

Natürlich wissen Sie nach der bisherigen Lektüre bereits, worauf es im Wesentlichen ankommt, damit Sie und Ihre Botschaft – egal in welcher Form – ankommen. Es lässt sich auf die Kurzformel bringen:

- Ziel und Zielgruppenbotschaft
- zündende Idee
- Inhalt
- Gestaltung

Die DEG Eishockey GmbH in Düsseldorf hat dies gelungen umgesetzt in einem Gemeinschaftsbrief, der im Juli 2003 an die Mitglieder des Bürgervereins Düsseltal-Zooviertel e.V. und die Nachbarn der DEG Eishockey GmbH verteilt wurde. Darin bedankt sich die DEG Eishockey GmbH für die Partnerschaft, informiert über den Spielplan, über anstehende Projekte und Baumaßnahmen:

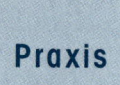

Praxis

»... Die DEG ist sich bewusst, dass sie von dem besonderen Entgegenkommen der Anlieger profitiert, und sie dankt ausdrücklich dafür, dass die Anlieger bereit sind, die Beeinträchtigungen durch Lärm, problematische Parker und die ankommenden und abwandernden Zuschauer mit zu tragen. Sie helfen dadurch, den Spielbetrieb am alten und legendären Standort aufrechtzuerhalten. Als spezielles Dankeschön an die Anlieger spricht die DEG hiermit folgende Einladung aus: Wir laden Sie herzlich ein, am 16.08.2003 zur Saisoneröffnung gegen die Kölner Haie um 17.00 Uhr ins Stadion zu kommen und auf einer unserer Sitzplatztribünen die neue Mannschaft der DEG METRO STARS zu erleben ... Von dort erhalten Sie für sich und ggf. Ihren Partner/Gast entsprechende Ehrenkarten ...«

Dieses Mailing informiert, nimmt den Empfänger ernst, wirbt für die eigene Sache und »versüßt« die zu erwartenden Unbilden der Empfänger gleichzeitig: gute Öffentlichkeitsarbeit!

Mit einem Mailing können Sie Emotionen wecken und dadurch zum Handeln bewegen. Dabei kann das Mailing nur aus einem Brief bestehen und Wirkung entfalten. Oft wird die Wirkung aber erst erzielt durch Beilagen. Das können zum Beispiel vorgedruckte Überweisungsträger, Programmübersichten, Pressespiegel, Tätigkeitsberichte, Kostenaufstellungen, Imagebroschüren sein.

Versenden Sie Ihr Mailing als elektronische Post, sind noch einige Besonderheiten zu beachten:

Geben Sie den Empfängern die Möglichkeit, sie aus Ihrem Verteiler zu streichen. Es verärgert sie nur unnötig, wenn sie ständig unerwünschte E-Mails erhalten. Halten Sie Ihrerseits Ihren Verteiler aktuell. Elektronische Post sollte so kurz und knapp wie möglich sein, auch wenn gerade die bunte E-Mail-Welt dazu verleitet, viele Möglichkeiten auszuschöpfen. Das Mailing soll sich schnell aufbauen (also keine umfangreichen Banner, Bilder, Grafiken), funktionierende Verlinkungen und keine exotischen Dateiformate oder gar lange Anhänge haben. Ein eindeutiger Betreff kann verhindern, dass Ihre Mail erst gar nicht geöffnet wird. Eine besondere Form des elektronischen Mailings ist der Newsletter.

Newsletter

Der Newsletter ist eine Kundenzeitschrift, die auf elektronischem Wege an den Mann und die Frau gebracht wird. Er ist damit ein Mittel des Online-Marketings, mit dem Sie sich und Ihr Waren-/Dienstleistungsangebot präsentieren und regelmäßig in Erinnerung bringen. Die Kunden erhalten interessante Informationen, ohne sich auf Ihre Website klicken zu müssen. Sie wiederum erhalten Informationen über Ihre Kunden: was sie interessiert, welche Links sie nutzen, welche nicht. Richtig angewendet, ist ein Newsletter imagefördernd, kundenbindend, verkaufsfördernd – ein schlechter Newsletter kann genau das Gegenteil bewirken.

Es gibt Online-Redakteure, Web-Designer, Grafiker, die Ihnen bei der professionellen Gestaltung helfen können.

Je vielfältiger und abwechslungsreicher Ihr Newsletter ist, desto mehr treue Leser werden Sie gewinnen. So können Sie zum Beispiel auf Ihr aktuelles Programm, Produkt, Ihren Service hinweisen, Gewinnspiele veranstalten, Sonderangebote offerieren, Hinweise und Tipps geben, Netzwerke unter Ihren Abonnenten aufbauen und betreuen, Leserfragen beantworten, Hilfestellung geben, anderen Unternehmen, Kooperationspartnern, Organisationen ein Forum bieten, Bücher besprechen, interessante Produkte vorstellen, Hinweise auf weiterführende Links geben ... und was fällt Ihnen noch ein?

Homepage

Zum Abschluss kommen wir noch kurz zur Homepage, an der schon fast kein Weg mehr vorbeiführt.

WAS ZEICHNET EINE GUTE HOMEPAGE AUS?

Sie ist übersichtlich, lesefreundlich, nicht mit flackernden Bannern, Logos, Fremdwerbung überzogen, baut sich schnell auf, beinhaltet aktuelle Informationen und funktionierende Links ...

Um sich auf den Milliarden von Websites zurechtzufinden, braucht es Strukturen:

Weniger ist meistens mehr! Kommen Sie gleich auf den Punkt!

Benutzen Sie nur wenige Verlinkungen und auch nur, wenn ein enger inhaltlicher Bezug besteht. Geben Sie auf der ersten Seite einen

Überblick über die nachgeordneten Seiten, eine Art Inhaltsverzeichnis. Zeigen Sie dem Nutzer mit einem seiteninternen Navigationssystem, wo er sich gerade befindet.

Verzichten Sie auf Seiten ohne Information und auf umfangreiche Grafiken etc., denn Internetnutzer sind ungeduldig! Eine klare Struktur ist entscheidend: Niemand sollte sich in Ihrem Seitendschungel verirren. Geben Sie die Möglichkeit zur Kontaktaufnahme. Beachten Sie Gestaltungsstandards, die sich mittler-

Wichtiger als viel Platz ist, dass sich die Seite schnell aufbaut.

weile entwickelt haben: Das Logo und ein Zurück- (Home)-Hinweis zur Startseite befinden sich oben links, die Hauptnavigation ist auf der linken Seite, der Kerninhalt erstreckt sich über die Mitte.

Eine große Web-Space, also die Größe des für die Webseite zur Verfügung gestellten Speicherplatzes, ist nicht entscheidend.

Damit kommen wir zum Provider, also zu den Anbietern von Internetdiensten: Suchen Sie einen, der die von Ihnen gewünschten Vorstellungen auch tatsächlich umsetzen kann. Es nutzt Ihnen nichts, eine schnelle Seite erstellt zu haben, wenn sie durch den Provider nur langsam übertragen wird. In Fachzeitschriften werden immer wieder Anbieter und ihre Konditionen getestet.

Übrigens: Sie wollen im weltweiten Netz schließlich gefunden werden. Achten Sie deshalb auf einen einprägsamen und prägnanten Namen.

Apropos gefunden: In der Septemberausgabe 2003 der Zeitschrift politik & kommunikation wurden die Ergebnisse einer Studie veröffentlicht über die persönlichen Internetauftritte aller Landesparlamentarier. Inhalt, Layout und Service waren dabei die Kriterien. Wer mehr darüber wissen will: www.politik-kommunikation.de.

Gerade das Internet ist nach wie vor rechtlich relativ »grau«, aber es gibt schon zahlreiche Vorschriften, die man beachten sollte. Ein Haftungsausschluss ist beispielsweise unverzichtbar. Lassen Sie sich in solchen Fragen beraten.

Da sich die Kommunikationswege immer weiter entwickeln, werden sich auch die Methoden, Mittel und Wege der Kommunikation weiter verändern. So wurde Mitarbeitern in England kürzlich ihr Arbeitsplatz per SMS auf das Handy gekündigt – eine im Übrigen absolut verwerfliche Strategie. Vielleicht werden wir in Zukunft auch Mailings aufs Handy schicken oder per Internet in die Schule gehen. Aber auch dann werden gewisse Grundregeln der Kommunikation bleiben, wie ich Sie Ihnen in den vorangegangenen Kapiteln dargestellt habe.

Meine Ausführungen erheben keinen Anspruch auf Vollständigkeit oder Allgemeingültigkeit. Sie sollten die Vielfalt entdecken, Strategien einzusetzen. Und damit Sie die Vielfalt jetzt auch für Ihre Interessen, Ihre Ziel, Ihr Projekt, Ihre Aufgabe einsetzen können, weise ich Ihnen im folgenden Kapitel den Weg, Ihren individuellen Strategieplan zu erstellen.

Kapitel 5

Der
Strategieplan

Sie haben in diesem Buch Einblicke hinter die Kulissen bekommen, welche Strategien Frauen für ihre Ziele eingesetzt haben. Sie haben Erfolgstipps, Know-how, Praxiswissen für viele Herausforderungen kennen gelernt. Und es könnte jetzt vielleicht sein, dass die eine oder andere von Ihnen denkt: Ich habe doch gute Anregungen, im Buch sind Strategien und Techniken, die mir gefallen und die ich übertragen und anwenden kann. Wozu brauche ich dann überhaupt noch einen Plan?

»Ziele sind Träume, die wir in Pläne umsetzen; dann schreiten wir zur Tat, um sie zu erfüllen.«
Zig Ziglar

Und die Antwort darauf ist: Je planvoller Sie vorgehen, desto größer ist Ihr Erfolg! Denn jede Situation ist anders. Und – in Köln würde man sagen: »Jeder Jeck ist anders!« Das heißt: Was in der einen Situation mit den dort handelnden Personen innerhalb ihrer Struktur wunderbar funktioniert (hat), muss nicht unbedingt auch bei Ihnen gelingen. Passgenau die Strategie zu entwickeln, die auf Sie, auf Ihren Typ, auf Ihre Fähigkeiten, auf Ihre individuelle Situation vor Ort passt – darum geht es mir! Und der Weg dazu geht über den Strategieplan!

Zuerst die graue Theorie (siehe auch Dörrbecker/Fissenwert-Gossmann 1997) – aber so grau, wie sie erst einmal scheint, ist sie gar nicht.

Der Strategieplan

1. Situationsanalyse
Zunächst erstellen Sie eine einfache Situationsanalyse, in der Sie alle wichtigen Fakten Ihre Situation oder Ausgangsfrage betreffend zusammentragen.
Wichtig bei diesem Schritt ist, dass nichts kommentiert wird, sondern lediglich wie beim Brainstorming ausschließlich die Fakten gesammelt werden.

2. Stärken/Schwächen
Im zweiten Schritt bewerten Sie die zusammengetragenen Fakten nach Stärken und Schwächen, wobei manche Fakten sowohl Stärken als auch Schwächen sein können.

3. Zieldefinition
Hieraus ergeben sich nun klare Ziele, die Sie mit Zeitvorgaben konkretisieren.

4. Zielgruppen/-Botschaften
In diesem Schritt konzentrieren Sie sich auf Ihre definierten Ziele und beantworten die Fragen: Welche Zielgruppen sind für Sie relevant, um die jeweiligen festgelegten Ziele zu erreichen? Dann formulieren Sie in wörtlicher Rede Ihre Botschaften an die jeweiligen Zielgruppen.

5. Mittel und Maßnahmen
Hier legen Sie fest, mit welchen Mitteln und Maßnahmen Sie Ihre definierten Ziele erreichen.

6. Zeitplan
Abschließend erstellen Sie einen Zeitplan, in dem Sie die einzelnen Schritte, die aufeinander abgestimmt sein müssen, festhalten. Bauen Sie eine Erfolgskontrolle ein.

Und hier die bunte Praxis:

> **Monika** hat nach ihrer Berufstätigkeit als Bankkauffrau acht Jahre Familienleben mit zwei Kindern »hinter sich«. Nun möchte sie wieder berufstätig sein. Da sie zwischenzeitlich umgezogen ist, kommt eine Tätigkeit bei ihrem früheren Arbeitgeber nicht mehr in Frage, der Job in der Bank hat ihr ohnehin keinen Spaß mehr gemacht. Irgendwie weiß sie nicht, wie es nun weitergehen soll.

1. Monikas Thema ist der Wiedereinstieg ins Berufsleben. Ihre Situationsanalyse könnte dann auszugsweise so aussehen:

- 38 Jahre alt
- verheiratet, zwei Kinder, 5 und 8 Jahre alt
- wohnhaft in einer Kleinstadt
- Ausbildung zur Bankkauffrau abgeschlossen, zuletzt im Bereich XY gearbeitet
- mehrjährige Familienphase
- Arbeitsbereich hat zuletzt keinen Spaß mehr gemacht
- Partner hat sehr lange Arbeitszeiten und kann die Kinder nicht betreuen
- Führerschein, aber kein eigenes Auto
- Wünsche: möchte mit Menschen arbeiten, wollte schon immer gerne Gitarre lernen ...

2. Welches sind die Stärken/Schwächen der zusammengetragenen Fakten?

- Stärken: abgeschlossene Ausbildung und Berufserfahrung. Sie weiß, dass sie nicht mehr in die Bank zurück will und gerne mit Menschen arbeiten möchte.

- Schwächen: kein eigenes Auto, lange Arbeitszeiten des Partners, lange Familienphase, kennt sich noch nicht gut aus in der Region.

- Stärke und zugleich Schwäche: Vormittagsbetreuung der Kinder ist eine Stärke, denn so kann sie sich auf eine Teilzeitstelle bewerben. Es ist aber auch eine Schwäche, denn sie ist zeitlich gebunden und kann wenig flexibel reagieren. Ihr Wunsch, Gitarre spielen zu können, ist eine Stärke, die Schwäche ist, dass sie bisher noch nie diesbezüglich aktiv war.

3. Welche Ziele kann sie daraus für sich ableiten? Und wann sollen diese Ziele erreicht sein?

- In einem Monat weiß ich mehr über mich.
- In einem Monat habe ich herausgefunden, was mir für mein künftiges Berufsleben wichtig ist.
- In zwei Monaten habe ich eine konkrete Idee, in welchem Beruf ich mich sehe.
- In einem Jahr kann ich 10 Lieder richtig schön auf der Gitarre spielen.

4. Welche Zielgruppen ergeben sich aus den definierten Zielen? Was möchte sie mit ihnen erreichen? Welche Botschaften vermittelt sie ihnen also?

Zielgruppe	Zielgruppenbotschaft
Monika	»Ich möchte mich selbst kennen lernen und genau wissen, was ich gerne mache, was überhaupt nicht, wo meine Stärken liegen und meine Schwächen.«
Partner	»Ich will dich einbeziehen in das, was ich mir vorgenommen habe. Ich möchte deinen Rat, wo du mich beruflich siehst, wo du mich unterstützen kannst.«
Eltern, Familie, Freunde	»Wie seht ihr mich? In welchen Berufen könnt ihr euch mich vorstellen? Ich brauche euren Rat.«
Frauenbüro	»Ich möchte gerne Ihre Erfahrungen mit dem Thema ›Wiedereinstieg in den Beruf‹ nutzen. Welche Orientierungsmöglichkeiten gibt es für mich? Welche Kontakte können Sie mir vermitteln?«
Arbeitsamt	»Ich möchte mich von Ihnen beraten lassen.«
Musikgeschäft	»Welche Gitarre können Sie mir empfehlen und kennen Sie jemanden, der Gitarrenunterricht gibt, womöglich in einer Gruppe?«

5. Jetzt ist Monika schon einen großen Schritt weiter! Mit welchen Mitteln und Maßnahmen kann sie ihre Ziele bei den entsprechenden Zielgruppen verwirklichen?

- Brief an mich selbst schreiben: Wer bin ich? Was mache ich gerne? Was mag ich überhaupt nicht? Wie möchte ich leben?
- Restaurantbesuch mit Partner
- Einladung an Freunde zu einem »Berufsfindungsabend«
- Besuch einer Frauenberatungsstelle
- Internetrecherche zum Weiterbildungsangebot in der Region
- Telefonat mit Arbeitsamt, welche Möglichkeiten es für Berufsrückkehrerinnen gibt
- Besuch eines Musikgeschäftes

6. Wann macht sie was? Wie sieht also ihr Zeitplan aus?

So könnte ihr Kalender im Januar aussehen:

Tag	Uhrzeit	Januar
1		Sonntag
2		
3	vormittags	Brief an mich selbst
4	abends	Telefonat mit Kerstin oder Jana wegen Babysitten Samstag
5		
6	20.00	Abendessen mit Partner: Wie und wo sieht er mich? Was wünscht er sich? Wo kann er mich unterstützen?
7		Sonntag

Tag	Uhrzeit	Januar
8	vormittags	Stöbern im Internet nach Angeboten zur Weiterbildung, für Berufsrückkehrerinnen in der Region
	nachmittags	Schwimmen Anne, währenddessen Musikgeschäft besuchen, zu Hause erste Kontakte aufnehmen
9	19.00	Telefonate mit Freunden, Einladung Berufsfindungsabend am 18. Januar
10	vormittags	Telefonate: Terminvereinbarung Beratungsstelle/Berufsberater Arbeitsamt
11		
12	20.00	Geburtstagsfeier Manfred, hier auch Freunde ansprechen zum Thema Beruf
13		Sonntag
14		
15		
16		
17		
18	20.00	Berufsfindungsabend
19		
20		Sonntag
21		
22	10.00 nachmittags	Termin Beratungsstelle Termin nachbereiten und mit Internetrecherche ergänzen
23	vormittags	Vorbereitung Termin Arbeitsamt

Tag	Uhrzeit	Januar
24	11.30	Termin Arbeitsamt Termin nachbereiten
25		
26		
27		Sonntag
28	abends	Partner über erreichte und zukünftige Ziele informieren
29		
30		Anmeldung Gitarrenunterricht
31		

Natürlich sind nicht alle Termine von Monika eingetragen und auch die weiteren Monate erscheinen hier nicht. Das brauchen sie aber auch gar nicht. Denn es geht bei der Vorstellung des Plans in erster Linie darum, dass Sie das Muster erkennen und es für Ihre Praxis anwenden können. Dieses Muster ist immer dasselbe, völlig unabhängig davon, in welcher Situation Sie es anwenden.

Ob Sie neue Mitglieder für Ihren Verband/Verein/Ihre Initiative/Partei ... werben, 100 Essen pro Tag verkaufen, eine einzigartige Beratungsagentur mit Schwerpunkt Sponsoring gründen, eine sensationelle Aktion beim Stadtfest auf die Beine stellen, mit einem Artikel in Ihrer Lieblings-Fachzeitung erscheinen wollen, ob Sie ein neues Ziel finden oder sich entscheiden wollen zwischen Martin und Johannes, Urlaub am Meer oder in den Bergen, München oder Hamburg, Topposition im Management oder Aussteigen, umziehen oder bleiben, Auslandsjahr oder doch früher mit Studium fertig ...

Der Plan für alle Fälle passt immer! Und er lässt sich auch noch gut merken. Stellen Sie ihn sich einfach wie eine Art Trichter vor. Man wirft zunächst alle relevanten Fakten in diesen Topf – als Grundlage für alle weiteren Schritte, betrachtet Stärken und Schwächen, leitet Ziele ab – von nah bis fern, definiert seine Zielgruppen mit entsprechenden Botschaften, überlegt, welche Mittel sinnvoll sind, um die geplanten Ziele zu erreichen, erstellt seinen Zeitplan und vergisst natürlich nicht, Erfolgskontrollen einzubauen.

Alles baut aufeinander auf, es wird immer konkreter, klarer, enger und zum Schluss kommt dann passgenau die Strategie heraus, die auf Ihre Person, Ihre individuelle Situation vor Ort ausgerichtet ist.

Situationsanalyse

Stärken/Schwächen

Zieldefinition

Zielgruppen/-Botschaften

Mittel/Methoden

Zeitplan

⇩

Ihr Strategieplan!

Und bevor Sie jetzt den Plan einmal selbst testen und bei der Suche nach den geeigneten Mitteln für Ihre Strategie so richtig aus dem Vollen schöpfen können, hier eine Auswahl an Möglichkeiten:

Mittel/Methoden

Ausstellungen	kulturelle Veranstaltungen
Besichtigungen	Mailings
Besuche	Mitgliederversammlungen
Beteiligung an öffentlichen Ver-anstaltungen	Mitgliedschaften Mitgliedsbefragungen
Demonstrationen	Newsletter
Diskussionen	öffentliche Plakatierungen
Druckwerke jeglicher Art wie Faltblätter, Bücher, Broschüren, Informationsdienste, Flugblätter, Plakate, Aufkleber ...	Open-Space-Veranstaltungen Podiumsdiskussionen Preisausschreiben Reden
Ehrungen	Referate
Einbeziehung von Personen in die eigene Institution: in Beiräte, Jurys, Ausschüsse	Round-Table-Gespräche Brainstormings Schulungen
Einladungen zu Jubiläen	Seminare
Einrichten eines Vorschlagswe-sens	Sitzungen Sponsoring
Einweihungen	Stadtteilaktionen
Eröffnungen	Tag der offenen Tür
Filme	Tagungen
Förderung von wissenschaft-lichen Arbeiten	Telefonate Unterschriftensammlung
Foren Fragebögen Gespräche Homepages	Unterstützung von allgemeinen, sozialen, kulturellen Einrichtun-gen (Spielplätze, Parks, Stiftun-gen, Kindergärten ...)
Ideenwettbewerbe	Vernissagen
Informationsstände	Vorträge

Mittel/Methoden	
Jours fixes	Vortragsreihen
Konferenzen	Wettbewerb
Konzerte	Zukunftswerkstätten

Und als eines der wichtigsten Mittel die Pressearbeit mit all ihren Möglichkeiten: Meldungen, Reportagen, Dokumentationen, Porträts, Kommentare, Leserbriefe, Interviews, Glossen, Pressekonferenzen, Pressegespräche, Kamingespräche, Pressefahrten und so weiter …

Die beschriebenen Mittel und Maßnahmen sind wie Buntstifte, die Sie jetzt in der Hand halten. Es ist eine Menge geworden. Und das ist gut so! Denn nun können Sie auswählen: Welche Farbe passt zu mir, zu meinem Typ? Mag ich es bunt, großflächig, geometrisch oder lieber wenig Farbe, eher dünne Linien, kleine Formate?

Nun geht es darum, Ihr eigenes Bild zu malen, Ihren eigenen Strategieplan zu entwickeln und zwar so ganz nach Ihrem Geschmack. Wählen Sie dabei die Mittel aus, die Ihnen gefallen, mit denen Sie sich wohl fühlen, auf die Sie neugierig sind.

Am besten nehmen Sie sich etwas Zeit, Papier, Stifte, einen großen Kalender, kochen sich eine Kanne Tee oder irgendetwas anderes und gehen Schritt für Schritt einmal den Plan durch. Sie können auch Ihre Freundin, Ihren Partner mit einbeziehen, oder wie Monika könnten Sie diesen Plan gemeinsam mit Ihren Freunden am Berufsfindungsabend durchgehen. Hauptsache – Sie spielen ihn einfach einmal durch.

Das ist mein Thema:

1. Das ist meine Ausgangssituation: _____

2. Das ist gut daran: _____

3. Das ist nicht gut: _____

4. Das ist sowohl als auch: _____

5. Diese Ziele lege ich fest mit konkreter Zeitvorgabe: _____

6. Das sind meine Zielgruppen: _____

7. Diese Botschaften formuliere ich für meine Zielgruppen: _____

8. Diese Mittel setze ich dafür ein: _____

9. Das ist mein Zeitplan: _____

Mit dieser Vorgehensweise schaffen Sie es, Träume in Pläne umzusetzen – getreu dem Motto: Träume nicht dein Leben, sondern lebe deinen Traum!

Ein Wort zum Schluss

Jetzt habe ich so viel Wind gemacht, Sie sind vielleicht hoch motiviert und wollen gleich Segel setzen und losziehen!

Diesen Wind möchte ich Ihnen auch nicht mehr nehmen. Nur eines möchte ich Ihnen noch mit auf Ihren Weg geben:

Auf Ihrer Fahrt wird es Situationen geben, die Sie nicht ändern können, bei denen der beste Plan, die beste Strategie nicht funktioniert. Dann gibt es nur eins: Verschwenden Sie nicht weiter Zeit und Energie, sondern ändern Sie Ihren Kurs!

Konzentrieren Sie sich auf etwas anderes, machen Sie sich auf zu neuen Ufern. Oder um mit André Gide zu sprechen: »Man entdeckt keine neuen Erdteile, ohne den Mut zu haben, alte Küsten aus den Augen zu verlieren.«

Das Leben bietet so unendlich viele Möglichkeiten. Schauen Sie einfach nur genauer hin und wählen Sie aus der bunten Vielfalt aus.

Planen Sie Ihre eigenen Routen und nehmen Sie das Ruder selbst in die Hand. Ankern Sie dort, wo Sie sich wohl fühlen. Werfen Sie Ihre Netze da aus, wo Sie fischen wollen. Die Ausrüstung dazu haben Sie jetzt an Bord.

Und wenn Sie etwas ganz besonders Schönes an Ihrer Angel haben – dann genießen Sie es in vollen Zügen!

Literatur

FRAUENSPEZIFISCHES

Asgodom, Sabine: *Eigenlob stimmt. Erfolg durch Selbst-PR.* München 1998

Asgodom, Sabine: *Erfolg ist sexy. Die weibliche Formel für mehr Lust im Beruf.* München 1999

Berckhan, Barbara: *Die etwas gelassenere Art, sich durchzusetzen. Ein Selbstbehauptungstraining für Frauen.* München 1995

Berckhan, Barbara: *Die etwas intelligentere Art, sich gegen dumme Sprüche zu wehren.* München 1998

Berckhan, Barbara, Krause, Carola, Röder, Ulrike: *Schreck lass nach! Was Frauen gegen Redeangst und Lampenfieber tun können.* München 1993

Buholzer Meier, Sonja A.: *Frauenzeit – Erfolgsstrategien für Gewinnerinnen.* Zürich 1999

Dick, Petra, Wunderer, Rolf: *Frauen im Management.* Neuwied, Kriftel (Taunus) 1997

Fisher Roffer, Robin: *Goodbye, Mrs. Nobody!* München 2000

Hausladen, Anni, Laufenberg, Gerda: *Die Kunst des Klüngelns. Erfolgsstrategien für Frauen.* Reinbek 2000

Krell, Gertraude: *Chancengleichheit durch Personalpolitik.* Wiesbaden 1997

Landauer, Adele: *manage acting. Die Kunst, selbstsicher aufzutreten.* München 2001

Mindell, Phyllis: *Starke Frauen sagen, was sie wollen.* München 2001

Reichel, Sabine: *Frustriert, halbiert und atemlos. Die Emanzipation entlässt ihre Frauen.* München 1993

Schenkel, Susan: *Mut zum Erfolg. Warum Frauen blockiert sind und was sie dagegen tun können.* Frankfurt, New York 1998

Süssmuth, Rita: *Wer nicht kämpft, hat schon verloren. Meine Erfahrungen in der Politik.* München 2000

Westerholt, Birgit: *Frauen können führen.* Weinheim 1998

PR – PRESSE – SPONSORING – MANAGEMENT

Avenarius, Horst: *Public Relations. Die Grundform der gesellschaftlichen Kommunikation.* Darmstadt 1995

Bogner, Franz M.: *Das neue PR-Denken. Strategien, Konzepte, Maßnahmen. Fallbeispiele effizienter Öffentlichkeitsarbeit.* Frankfurt 1990

Brückner, Michael, Schormann, Sabine: *Sponsoring-Kompaß.* Heidelberg 1996

Cornelsen, Claudia: *Das 1 x 1 der PR.* Freiburg 2002

Detmers, Ulrike (Hrsg.): *Geschäftserfolg durch Geschlechterdemokratie.* Münster 2003

Doppler, Klaus, Lauterburg, Christoph: *Change Management – Den Unternehmenswandel gestalten.* Frankfurt, New York 1996

Dörrbecker, Klaus, Fissenewert-Gossmann, Reneé: *Wie PR-Profis PR-Konzeptionen entwickeln. Das Buch zur Konzeptionstechnik.* Frankfurt 1997

Goldmann, Martin, Hooffacker, Gabriele: *Pressearbeit und PR.* München 1996

Haibach, Marita: *Fundraising. Spenden, Sponsoring, Stiftungen.* Frankfurt, New York 1996

Herbst, Dieter: *Public Relations.* Berlin 1997

Jung, Holger, Kraus-Weysser, Folker: *Praxisbuch Public Relations. Mit überzeugender Öffentlichkeitsarbeit zum Erfolg.* Weinheim 2002

Oeckl, Albert: *PR-Praxis. Der Schlüssel zur Öffentlichkeitsarbeit.* München 1976

Rota, Franco P.: *PR- und Medienarbeit im Unternehmen. Instrumente und Wege effizienter Öffentlichkeitsarbeit.* München 1994

Rühl, Monika, Hoffmann, Jochen: *Chancengleichheit managen. Basis moderner Personalpolitik.* Wiesbaden 2001

Schaller, Beat: *Die Macht der Kommunikation. Erfolg durch geldwerte Worte.* München 2001

Yaverbaum, Eric, Bly, Bob: *PR für Dummies.* Bonn 2002

KREATIVITÄT

Dauscher, Ulrich: *Moderationsmethode und Zukunftswerkstatt.* Neuwied, Kriftel (Taunus) 1996

Knieß, Michael: *Kreatives Arbeiten.* München 1995

Kuhnt, Beate, Müllert, Norbert R.: *Moderationsfibel Zukunftswerkstätten.* Münster 1996

Maleh, Carole: *Open Space: Effektiv arbeiten mit großen Gruppen.* Weinheim 2000

Nöllke, Matthias: *Kreativitätstechniken.* Freiburg 2002

Wack, Otto Gerhard, Detlinger, Georg, Grothoff, Hildegard: *Kreativ sein kann jeder.* Hamburg 1993

Weiler, Peter: *Kreativitätstraining. Mind Mapping.* München 1997
West, Michael A.: *Innovation und Kreativität. Praktische Wege und Strategien für Unternehmen mit Zukunft.* Weinheim 1999

RHETORIK

Bredemeier, Karsten: *Provokative Rhetorik? Schlagfertigkeit.* München 2002
Cole, Kris: *Kommunikation klipp und klar.* Weinheim 1996
Gehm, Theo: *Kommunikation im Beruf.* Weinheim 1997
Motamedi, Susanne: *Rede und Vortrag.* Weinheim 1993
Ruhleder, Rolf H.: *Rhetorik, Kinesik, Dialektik: Redegewandtheit, Körpersprache, Überzeugungskunst.* Bonn 1996
Sarnoff, Dorothy: *Auftreten ohne Lampenfieber. Reden, Interviews, Fernsehauftritte, Konferenzen, Präsentationen.* Frankfurt, New York 1992
Schulz von Thun, Friedemann: *Miteinander reden Band 1-3.* Reinbek 1996
Simon, Walter: *Rede nicht, handle!* Offenbach 1996
Wieke, Thomas: *Dumonts Handbuch Rhetorik. Mit Musterreden für jeden Anlass.* Köln 2002

Die Zitate sind entnommen der Website www.zitate.de.

Netzwerke,
die Sie interessieren
könnten

BFBM – Bundesverband der Frauen im freien Beruf und Management
www.bfbm.de
Ziel: Kontakte, Weiterbildung, Gleichberechtigung

BPW – Business und Professional Women
www.bpw-germany.de
www.bpw-europe.org
www.youngbpw-europe.org
Ziel: Kooperation, Förderung, Kontaktpflege und Verständigung

Connecta – Das Frauennetzwerk e.V.
www.frauennetzwerk-connecta.de
Ziel: Berufliche und persönliche Förderung, Hilfe bei der Karriereplanung, Weiterbildung

Deutsches Gründerinnen Forum e.V.
www.dgfev.de
Ziel: Verbesserung von Ausbildung, Beratung und Finanzierung bei Existenzgründungen von Frauen

EAF – Europäische Akademie für Frauen in Politik und Wirtschaft e.V.
www.eaf-berlin.de
Ziel: Förderung von internationalen Kontakten, Austausch, Gleichberechtigung und Nachwuchs

EWMD – European Women's Management Development Deutschland e.V.
www.ewmd.org
Ziel: Vernetzung und Weiterentwicklung von Frauen in Führungspositionen in
  Deutschland und Europa

FIM – Vereinigung für Frauen im Management e.V.
www.fim.de
Ziel: Kontaktpflege, Gleichstellung, Akzeptanz von Frauen im Beruf

Journalistinnenbund e.V.
www.journalistinnen.de
Ziel: Vernetzung von Journalistinnen; Frauen in den Medien stärken

VDU – Verband deutscher Unternehmerinnen e.V.
www.vdu.de
Ziel: Erfahrungsaustausch, politischer Einfluss

Schauen Sie sich um in Ihrer Stadt, in Ihrer Region, verfolgen Sie die Berichte in
  der Presse, informieren Sie sich in Frauenbüros, Frauen-Beratungsstellen,
  welche Netzwerke es dort gibt und gehen Sie einfach einmal hin! Vielleicht
  ist ja genau das Richtige für Sie dabei! Viel Spaß beim Net(t)working!
  Kontaktadresse

Kontakt-
adresse

Astrid Braun-Höller
Kommunikation und Strategie
Rosenstrasse 48
D-53489 Bad Bodendorf
Telefon 02642 – 78 12
Telefax 02642 – 70 01
E-Mail: braun-hoeller@t-online.de
Internet: www.braun-hoeller.de